貓咪超有事 1

貓奴的崩潰與歡愉日記！

志銘與狸貓 ◎圖文

目錄

登場角色介紹 07

第1章 再平凡不過的後宮日常

貓咪公寓 14
招弟的強迫症 15
柚子的怪癖 16
無聊的嚕嚕 18
三腳該吃藥囉 20
一杯水 21
搜可史捕貓陷阱 22
貓毛毛毛 23
幫三腳梳毛 24
偷東西 26
相信自己的嗅覺 28
上廁所 30
最近搜可史的困擾 32
三腳吃藥 36
狸貓深山修行去 40
招弟的抱怨 44
晚點名 46
搬家小記 50

第2章 偶爾發生的緊張時刻

摸貓肉球 56
浣腸看到鬼 57
嚕嚕起來了 58
不殺的理由 59
搜可史的憤怒 60
貓咪嘔吐了 64
被強迫的阿瑪 66
敏感的浣腸 68
嚕嚕與浣腸的戰爭 70
浣腸的地雷區 72

第3章 不想面對的崩潰瞬間

半夜起床 76
搜可史的瀑布 79
阿瑪的禮物 80
阿瑪來取暖 84
嚕嚕高射砲 85
認真踏踏 86
浣腸的內心陰影 88
撒嬌的柚子 90
嚕嚕的妙算 92

第4章 想要一直持續下去的幸福時光

看著你 98
阿瑪的上班時間 99
柚子拍屁屁 100
三腳的困擾 102
阿瑪好萌好萌 103
奴才生病了 104
陪嚕嚕睡 106
好久不見 108
封印 110
阿瑪最愛我 112
三腳的溫柔 114
阿瑪侍寢 116
奶貓的危機 118

第5章 不想運動運動會

#01 貓咪運動會的開端 …… 124
#02 來打棒球吧 …… 130
#03 來游泳吧 …… 140
#04 羽球大賽 …… 148
#05 失控的比賽 …… 154
#06 終局之戰 …… 162
小花登場 …… 172
結語 …… 173

登場角色介紹

黃阿瑪

性別　男

生日　2007.01.07

星座　摩羯座

生來有霸氣不凡的貓格特質，也是後宮眾貓與奴才公認的領袖。體型略壯碩卻英挺耐看（阿瑪規定我們必須這麼形容），那雙特有鳳眼的眉宇之間有一股不可一世的王者風範，討厭不服從他的貓（像是嚕嚕、搜可史），只要服從阿瑪，他就能與之相安無事，是標準恩怨分明的性格。

招弟

性別　女

生日　2011.06.01

星座　雙子座

幼年時期因為一場颱風而與家人走散，後來幸運獨活且輾轉進入後宮，從此跟在阿瑪身邊悠哉享福，雖然外表成熟，內在卻是滿滿的甜美少女心，喜歡嘗試各式各樣新鮮事，但可能受阿瑪影響，在與其他貓咪的相處上，也如同阿瑪一樣恩怨分明，對人類的依賴度相對較低。

三腳

性　別	女
生　日	2007.08.04
星　座	獅子座

擁有貓界數一數二的極致美麗臉孔，有一雙水汪汪的大圓眼，搭配一抹隨時上揚的微笑，還有稍微豐腴的圓潤身材。在眾貓面前屬於有威望的大姐姐，多數都對她十分敬重（一方面可能也是出於同情）。因為患有口炎，所以必須每日吃藥，此外，從前因為意外而造成左前肢截肢，在緊要時刻會產生不可思議的變化。

搜可史 Socles

性　別	女
生　日	2010.04.20
星　座	金牛座

是一隻全身黑的黑貓，極度親人但又有點小害羞。因從前的奴才是就讀戲劇系的學生，所以以希臘悲劇作家名作為命名，曾短暫與Chylus及Aris同居生活。在後宮裡，因為出色的毛色及身材，一直深受公貓們的覬覦，也難免引來其他女孩的嫉妒，平時習慣獨來獨往，不擅與貓交流，喜歡閱讀，在書中才能找到自己的另一片天堂。

嚕嚕

性　別	男
生　日	2007.07.14
星　座	巨蟹座

因為成長的歲月裡不曾與貓相處，導致社會化程度極低，憨厚壯碩的外表，隱藏不住個性的單純，直來直往的說話技巧也總是會惹怒眾貓，唯獨奴才是他的最佳夥伴。對於阿瑪身為王者的地位有點不以為然，可惜礙於先來後到的順序，他只能被迫居於下風，不過在他心底明白，只要一抓到機會，就要好好表現自己，讓大家刮目相看。

柚子

性　別	男
生　日	2013.09.20
星　座	處女座

是後宮裡唯一不曾流浪的貓咪，也是外型最不像米克斯的貓咪（因為爸爸是美短），從小容易感冒，但運動神經卻極佳，個性活潑且樂觀開朗，跟誰都能好好相處。唯一弱點是他的菸酒嗓，讓他沒有勇氣開口唱歌，因此也特別羨慕浣腸的美好嗓音。

浣腸

性別	男
生日	2015.04.12
星座	牡羊座

擁有鬥雞眼搭配下垂的眼型，讓他顯得楚楚可憐，加上幼年時曾被狗追，因此長大後非常膽小。對於柚子有一種對兄長的敬重與依賴，也因為年紀相當，所以更有話聊，總是玩在一起。但看似柔弱的他，其實心裡有著不為人知的成熟與心計，他深怕有人要害他，對於外在的不信任，導致他的行為總是怪怪的。

奴才

我是狸貓

1 最愛的寶貝是阿瑪

2 喜歡陪著貓睡覺

3 後宮黑暗料理達人

我是志銘

1 最愛的寶貝是嚕嚕

2 擅長幫後宮剪指甲

3 尋找貓尿的專家

第一章

再平凡不過的後宮日常

貓咪公寓

貓咪很愛睡在狸貓桌旁的櫃子裡。
這座貓咪公寓最多只能容納三隻貓咪。
腸²
三腳
阿瑪也是公寓常客。
X，怎麼又睡滿了？該讓個位置給朕吧！
唯一醒著的是……
招弟。
招弟寶貝，妳知道妳該怎麼做吧？
……
霸占成功。

阿瑪總是這樣霸道，但也就只有招弟最對阿瑪逆來順受！

招弟的強迫症

招弟有強迫症。
嗨～
阿瑪的女人
不論招弟在做什麼，
只要把手伸過去……
睡覺中
Z
Z
Z
!!!
她就會舔。
舔舔
流汗的手會舔。
舔舔
洗澡完的手也會舔。
舔舔
但不舔清完貓砂的手。

想要感受貓咪的魔鬼氈舌頭，找招弟就對了！

柚子的怪癖

這是柚子很愛的一個玩偶，但除了柚子，沒人會理他。
別人送的
找到你了
咬
然後玩偶就會被帶去……
咬走
騎
搖搖
喔呵……
當浣腸撞見這個景象時，他就會……
因為有鬥雞眼，所以要整個頭轉過來看。
瞪大眼！
我得小聲逃離這……
躡手躡腳

柚子在這方面有很強的表演欲，沒人觀賞他會森 77 ！
一開始是浣腸，最近則換成了新來的小貓……

無聊的嚕嚕

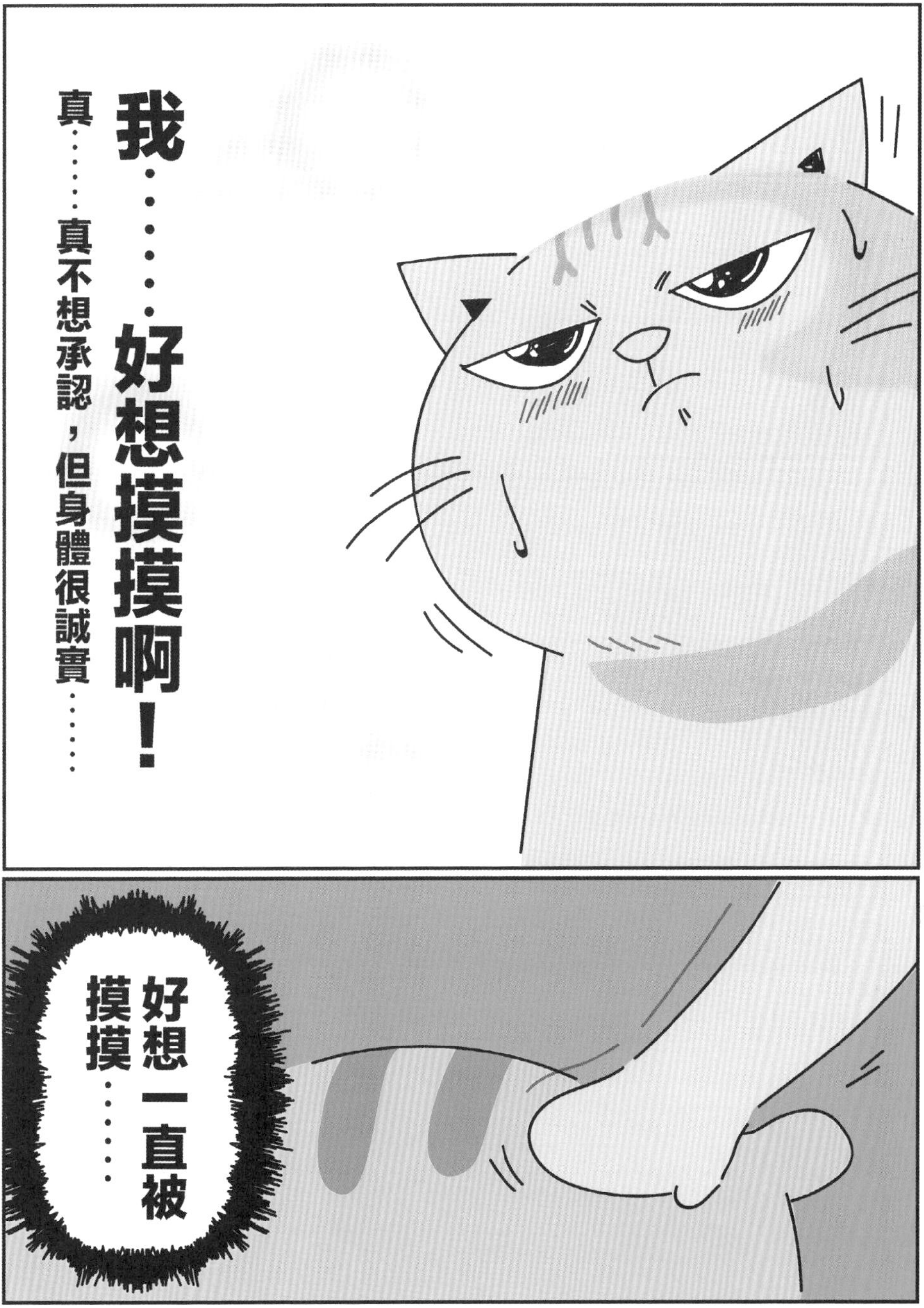
我……好想摸摸啊！
真……真不想承認，但身體很誠實……
好想一直被摸摸……

嚕嚕除了吃喝睡之外，整天都不會有什麼特別行程，
人類是他唯一的停靠理由，也是唯一的終點。

三腳該吃藥囉

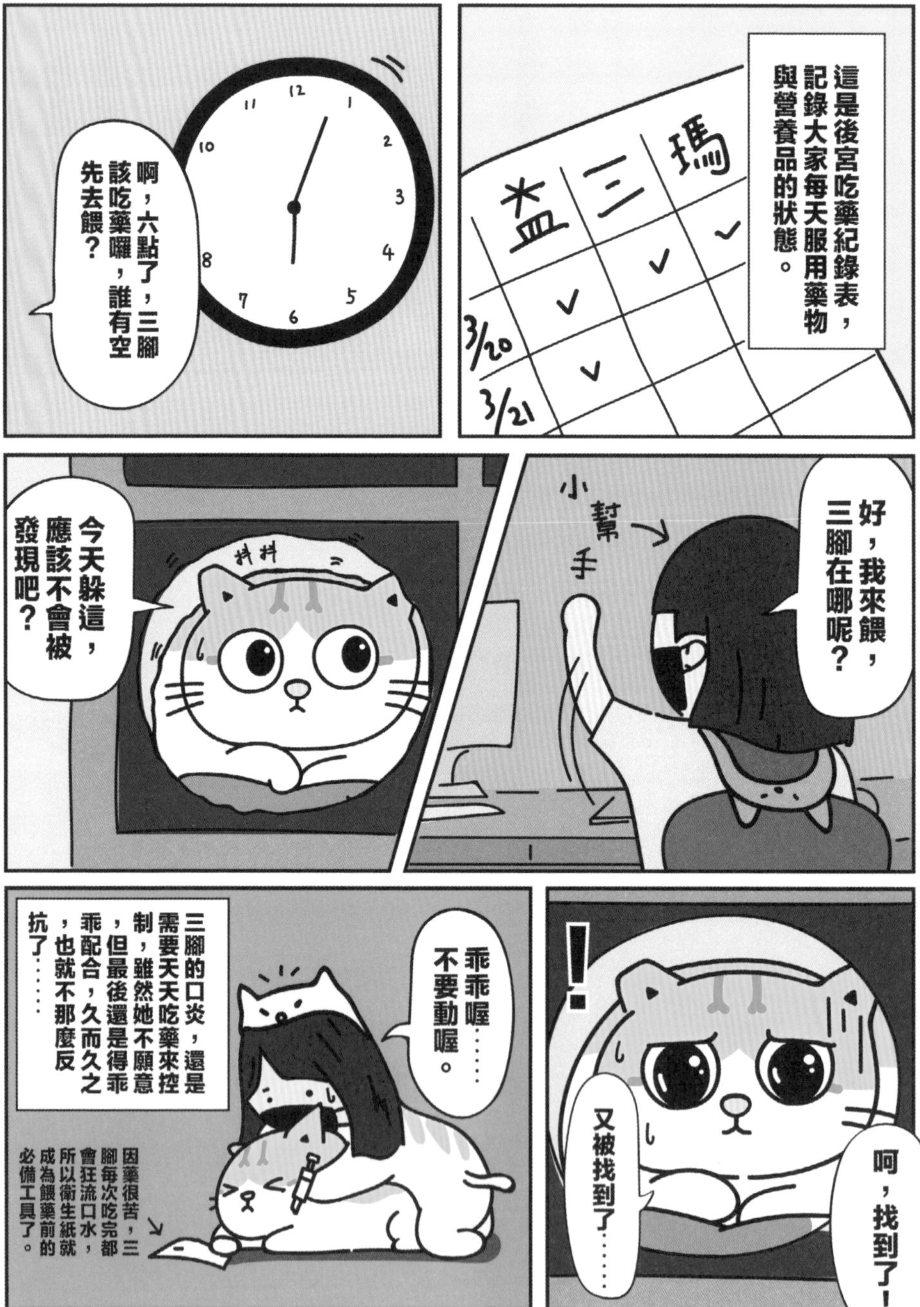
這是後宮吃藥紀錄表，記錄大家每天服用藥物與營養品的狀態。
瑪
三
益
3/20
3/21
啊，六點了，三腳該吃藥囉，誰有空先去餵？
好，我來餵，三腳在哪呢？
小幫手
今天躲這，應該不會被發現吧？
呵，找到了！
又被找到了……
乖乖喔……不要動喔。
三腳的口炎，還是需要天天吃藥來控制，雖然她不願意，但最後還是得乖乖配合，久而久之，也就不那麼反抗了……
因藥很苦，三腳每次吃完都會狂流口水，所以衛生紙就成為餵藥前的必備工具了。

餵藥表上的「三」是指三腳、「瑪」是指阿瑪、「益」是指益生菌。
我們每天都會補充益生菌給貓咪們喔！

一杯水

奴才裝了一杯水。
放到桌上。
嘿咻！準備開始工作。
然後就會被嚕嚕喝。
嗯！很新鮮！
嚕嚕不要喝我的水啦！
吼唷！
只好再重新裝一杯。
然後又被嚕嚕喝。
剛剛幹嘛拿走？我還沒喝夠！
（崩潰）
啊啊啊啊又被喝了。
只好準備兩杯水。
奴才的
@FUMEANCATS

貓咪們好像真的都比較愛喝馬克杯裡的水，聽說是因為材質的緣故，
塑膠材質容易有氣味殘留，而且跟人類用同樣容器，感覺就很安心吧！

Socles捕貓陷阱

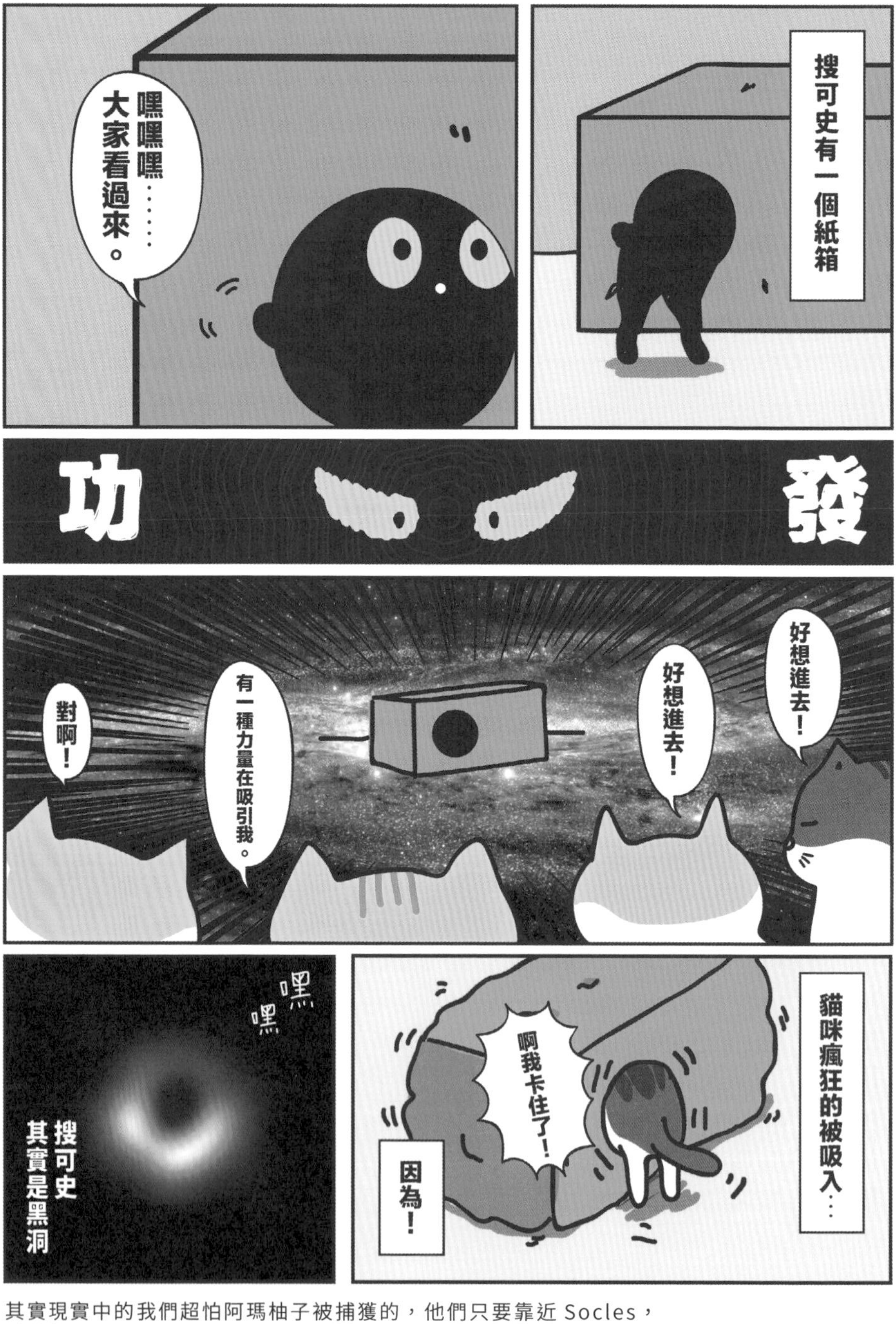

搜可史有一個紙箱
嘿嘿嘿……
大家看過來。
功
發
好想進去！
好想進去！
有一種力量在吸引我。
對啊！
嘿
嘿
搜可史其實是黑洞
貓咪瘋狂的被吸入…
因為！
啊我卡住了！

其實現實中的我們超怕阿瑪柚子被捕獲的，他們只要靠近 Socles，就會換來巨大尖叫聲，好可怕啊啊啊！

貓毛毛毛

有養過貓的人都知道，養貓人的衣物上通常都會沾滿貓毛。
衣服上有貓毛，是一種榮耀。
你不懂。
跑一下，就會掉貓毛。
尤其是季節交替的時候，貓咪正在換毛，毛量更是激增。
讚讚
所以出門前，都要好好的黏貓毛。
黏
黏
黏
黏
定格！
阿瑪，我在黏毛，可以先不要跑嗎？
讓我好好黏。
不要跑？
不要跑？
不要跑？
阿瑪不要在上面滾動啊啊啊啊！
啊啊啊啊啊不～
呵呵
滾動
滾動

貓毛真的是貓奴外出的最佳裝飾品，哪天不想穿戴都無法呢！

幫三腳梳毛

某日狸貓開直播幫三腳梳毛。
毛好多……
毛好多……
LIVE
結束直播後。
終於結束了。
妳的毛還是好多喔，再梳一下吧。
直播結束了，你給我住手。
不行，太多毛妳自己會過敏。
一小時後。
……
三腳
三腳的毛
毛量超驚人。

三腳的毛很不得了，是源源不絕的那種茂密，真不知道這些毛平時都躲在哪裡……

貓咪的毛量是令許多貓奴困擾的問題之一，通常在季節更替時，會呈現大爆炸的狀態，天氣一變冷，他們會換上冬裝（比較長的毛髮）來保暖，天氣轉熱時，又會換成比較輕薄的夏裝，以便適應較高的氣溫。然而台灣近幾年氣候較不穩定，總是冷熱無常，導致他們可能因此一直處於換毛的狀態，室內空氣也就因此總彌漫著他們四處飄散的毛。

除了氣候變因之外，他們每隻貓的各別體質也都有所影響，通常看起來比較營養（壯碩肥嫩）的貓咪們，掉毛的情況就會嚴重一些，像是阿瑪、嚕嚕、三腳，身上就比較多廢毛，尤其是三腳，簡直像是一個自動產毛器，她全身毛囊似乎是無時無刻都在開機運作著，搭配上她圓滾滾的體型，就像是顆怎麼梳都梳不開的巨大毛球了呢！

偷東西

某天，後宮發生異狀。
為什麼繪圖板的筆會在這？
難不成是……
靈動？
不知道請自己搜尋
我有看到小偷，是浣腸喔。
翰翰
浣腸？
蛤！
賣萌中。
幹嘛看我？
怎麼可能，他怎麼可能會拿筆？？？？
我有拍到他的犯案過程。有影片為證。
怪盜！！
CLYSTER

貓咪偷東西這件事，真的很讓人匪夷所思，後宮有偷東西習慣的是浣腸跟搜可史，如果是模仿的行為的話，他們根本無從模仿，尤其是浣腸，他從小就來到這個環境，也沒有任何一隻大貓有這習慣，照理說應該不構成能讓他模仿的條件。

但如果是他自發性的天分，應該要有所目的或是有所求才對，仔細回想一下他們愛偷的物品，多半不是食物，而是一些看起來好像無關緊要、卻又好像有些特定意義的物品，浣腸愛偷狸貓的繪圖筆，搜可史愛開抽屜拿裡面的紙製品（而且都是一些可愛小插圖），配合上他們各自的性格表現，突然覺得非常有趣呢！

被浣腸偷走的畫筆。

相信自己的嗅覺

柚子喜歡在夜深人靜的時候，在家中各處偷噴尿。
噴。
因為柚子只噴一點尿，所以味道會很淡，導致人類們無法分辨到底尿在哪裡。
牆壁這裡好像有味道？
沒有味道啊。
不是吧？是在螢幕這吧？
志銘
各位小幫手。聽我說。
只要有味道，就一定有尿！
喔喔喔喔喔喔喔喔喔

呵呵呵
我根本沒尿在你們那，我是尿在沙發裡。
要相信自己的嗅覺！盡全力去找尿吧！
對！沒錯！
我們要向志銘看齊！
只要有味道！
就一定有貓尿！
既然你們這麼想找尿……
呵呵呵呵呵
樂
那我就到處都噴點尿，讓你們慢慢找♥

有尿味的地方，一定就是有沒擦乾淨的尿，這是真理，貓奴們必須記住！

上廁所

吵死了吵死了。
開
瞬間衝入
請問有什麼事嗎？……
盯
沒事，想看你在幹嘛而已。
……
X好臭，掰。
阿瑪奪門而出。

貓咪愛看人類上廁所到底是為什麼呢？該不會他們是在想，我們為何不用貓砂啊？

最近Socles的困擾

最近搜搜很喜歡跳到人的腿上。
啊她跳上來了？
她啊，只要看到有人坐在沙發上，就會主動跑上去抱大腿。
就是臨幸啦
哇，她坐下來了！好棒好棒好棒……
趕快坐死我，我整雙腿都奉獻給妳。
（誇張）
咦咦咦？怎麼了？？
抬頭
毛起來

嚕嚕在後方跳板盯著她。
!?
想侵犯我？
變態啊！
這情況最近很常發生，其實嚕嚕就只是這樣默默看著搜可史……
思一考
好黑的貓啊……
她在激動什麼？
啊啊，嚕嚕你害搜搜跑走了啦！
變態啊！

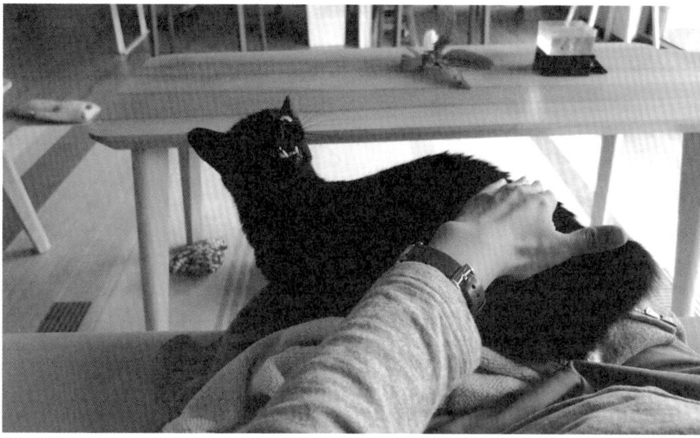

搜可史一直以來都是如此，她討厭公貓、害怕公貓，進而覺得公貓都想接近她，都想對她做什麼，靠近她一定是圖謀不軌。

但其實公貓們對她也不算「特別」有興趣，至少沒有搜可史自己想的那樣特別，頂多就只是一般貓對另一隻貓那樣的情感，偶爾想靠近也只是聞聞氣味，聞完就會離開，但搜可史偏不給公貓這個靠近的機會，連人家在遠處看著她都不可以，這樣傲嬌的個性有時連我們都覺得難以接受。「我如果是柚子，我肯定揍她！」然後柚子就跑去追搜可史了！

三腳吃藥

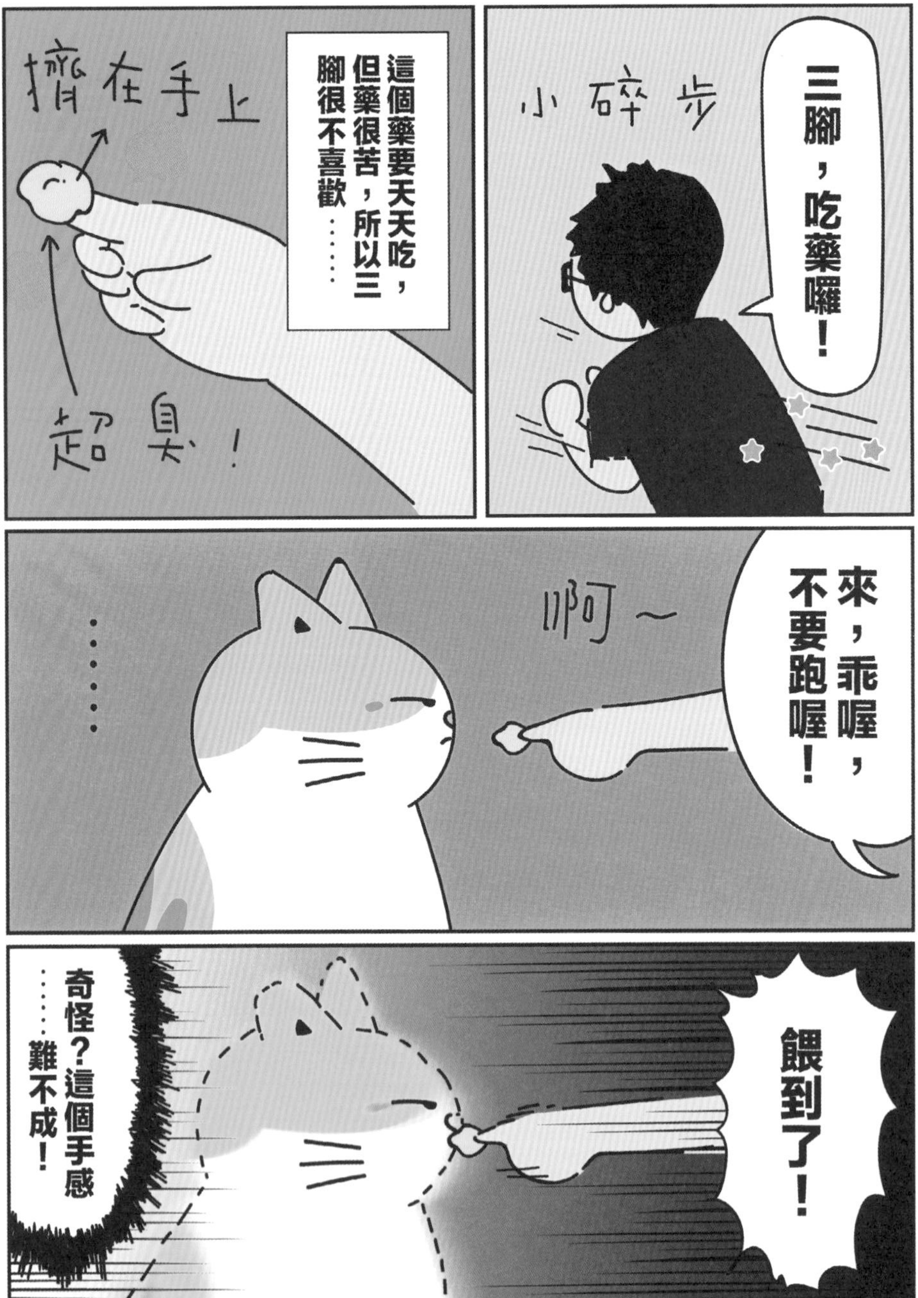

三腳，吃藥囉！
小碎步
這個藥要天天吃，但藥很苦，所以三腳很不喜歡……
擠在手上
超臭！
來，乖喔，不要跑喔！
啊～
……
餵到了！
奇怪？這個手感……難不成！

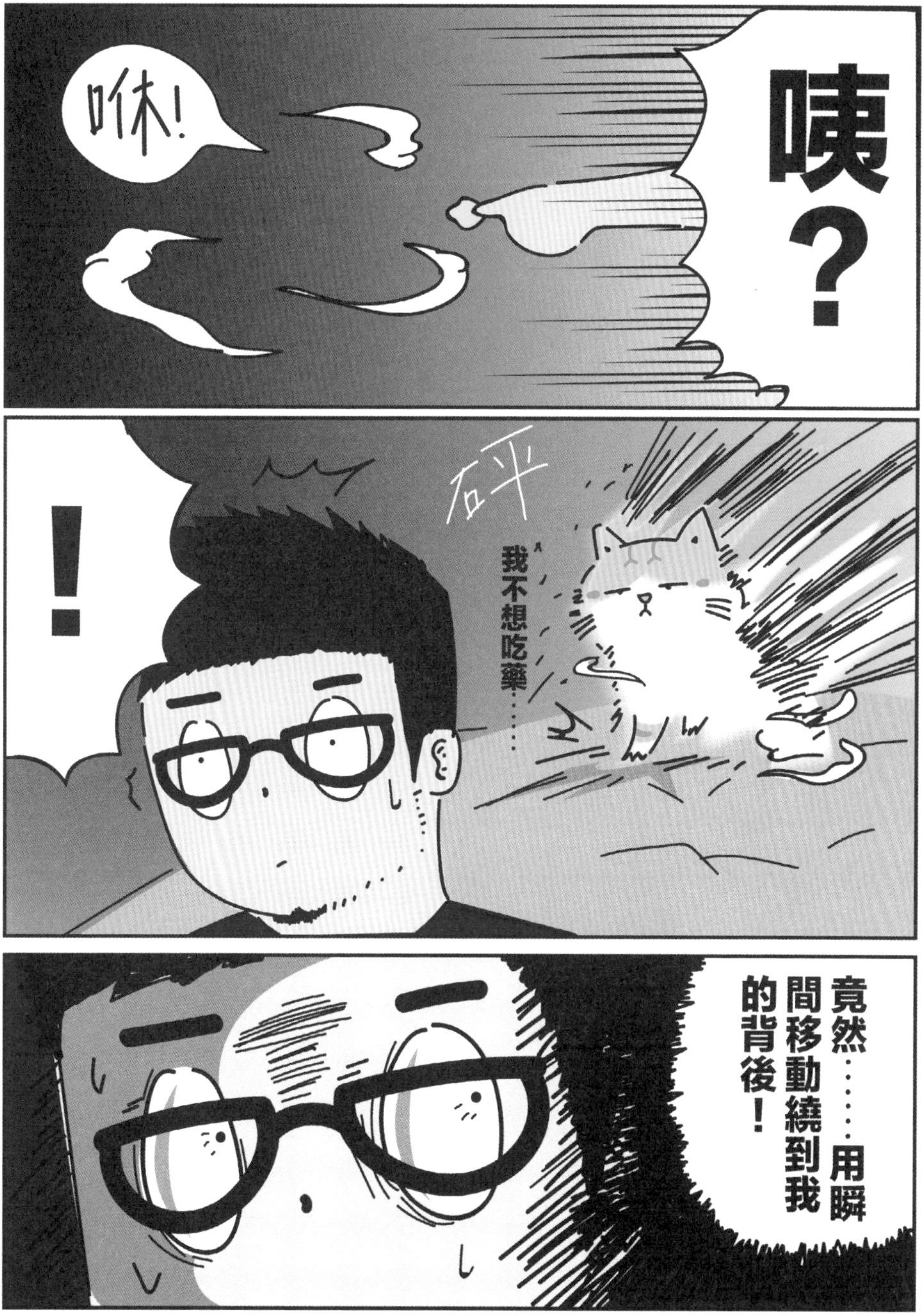

咻!
咦?
!
砰
我不想吃藥……
竟然……用瞬間移動繞到我的背後!

竟然連藥都餵不好……
我……我沒有資格養貓……
山崩潰
淚
鄙視—
嗯……去好好特訓再回來吧！
然後把藥丟了吧。
藥
狸貓決定離開後宮，去深山進行特訓。

三腳因為口炎每天都必須吃藥，但其實她超乖超好餵，我們大多時候都可以毫不費力就成功，偶爾一兩次小閃躲，就晚點再餵吧！

狸貓深山修行去

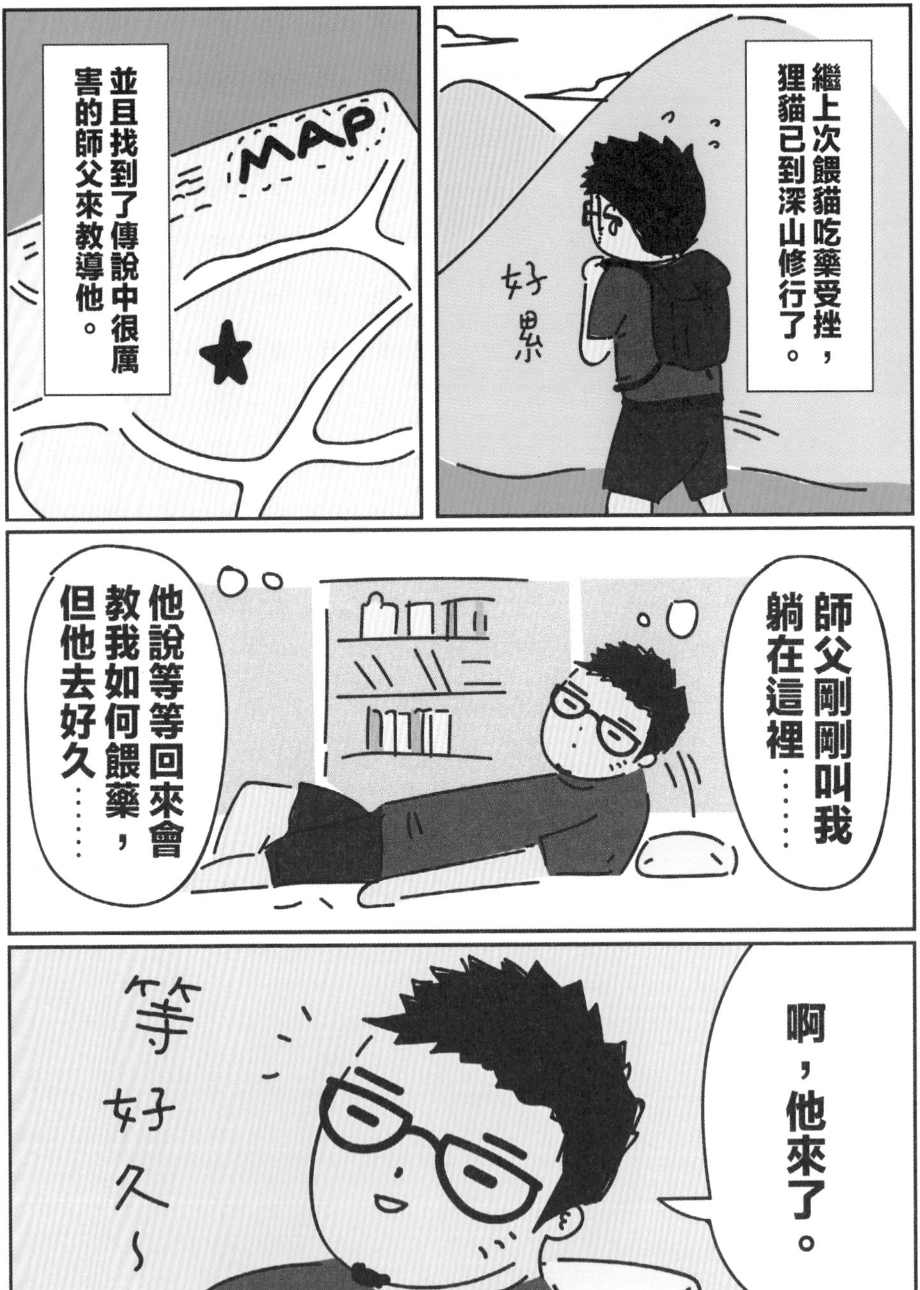

繼上次餵貓吃藥受挫，狸貓已到深山修行了。
好累
並且找到了傳說中很厲害的師父來教導他。
MAP
師父剛剛叫我躺在這裡……
他說等等回來會教我如何餵藥，但他去好久……
啊，他來了。
等好久～

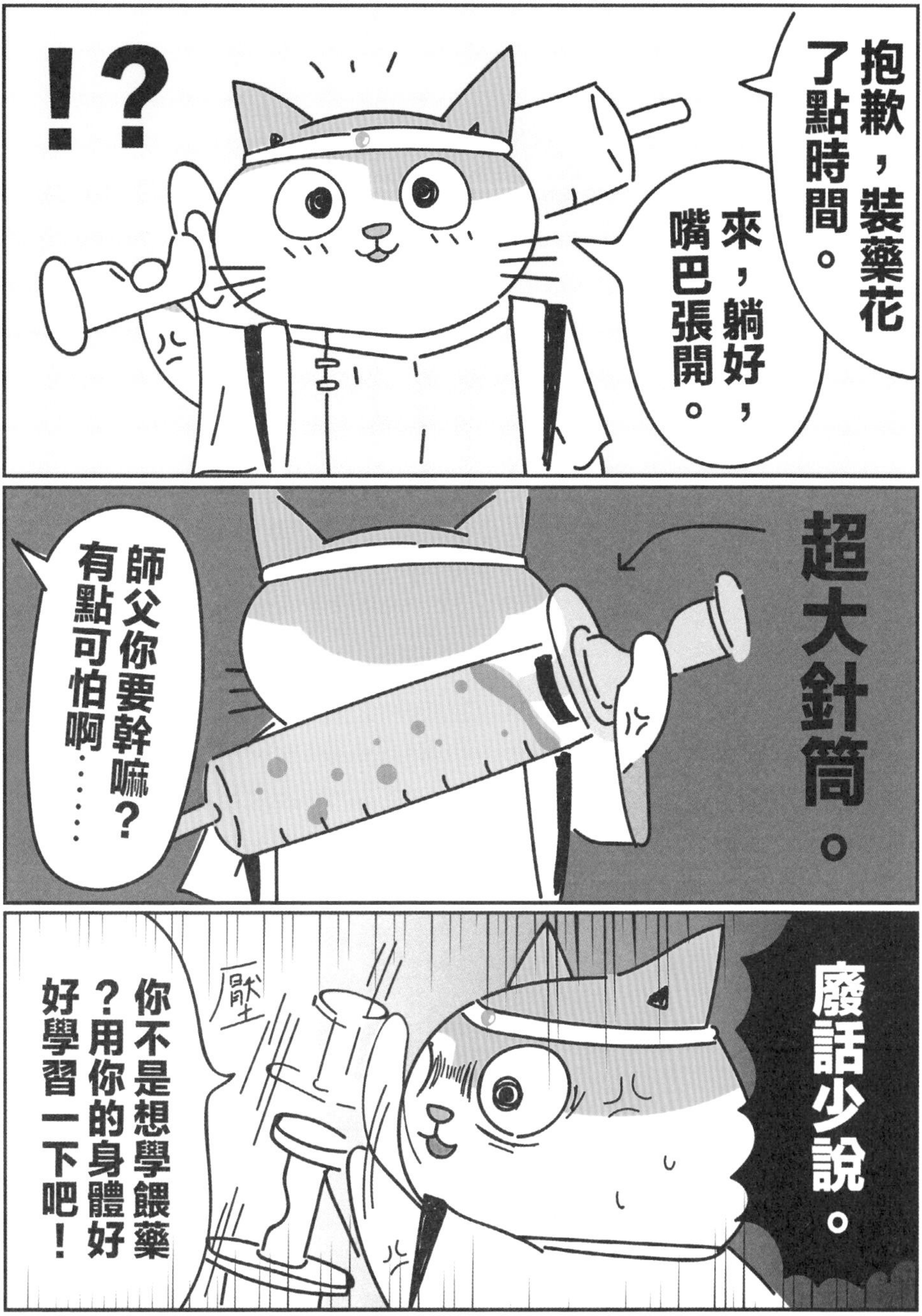
抱歉，裝藥花了點時間。
來，躺好，嘴巴張開。
!?
超大針筒。
師父你要幹嘛？有點可怕啊……
廢話少說。
你不是想學餵藥？用你的身體好好學習一下吧！
壓

抖抖
救命……
啊……嗚……
要死了！
不！不！不要再餵我了！
作夢→
……
吵死了！！
快起來放飯！
狸貓被阿瑪壓到作惡夢了。

這是狸貓的夢境，也是我們長期照顧貓咪、長期餵藥的一種心理投射。

後宮最難餵藥的就是阿瑪，每次都需要費好大的勁才能成功，
我們總是在餵藥前對他們說一堆想要說服他們的廢話：
「阿瑪你乖乖喔，吃一下就好喔！」
「阿瑪吃完藥，給你最愛的點心喔！」
「阿瑪你最棒了！來喔，嘴巴張開一下下喔！」
然後……啪！阿瑪又把藥撥掉了，果然是講了一堆廢話啊……

身為一個奴才，遇上貓咪們生病，當然都希望他們盡快康復，恢復往日健康的模樣，
而生病了就得吃藥，但貓咪們不能理解這件事，不論他們好不好餵、配不配合，
都沒有貓會心甘情願吃藥。因此為了他們好，我們就只能連哄帶騙的強迫他們吃藥，
甚至有時必須用我們天生比他們大的力氣來壓制，
而這也往往讓我們陷入矛盾之中，只希望哪天我若真能學會貓語，
我就能動之以情、說之以理，跟他們好好溝通了！

招弟的抱怨

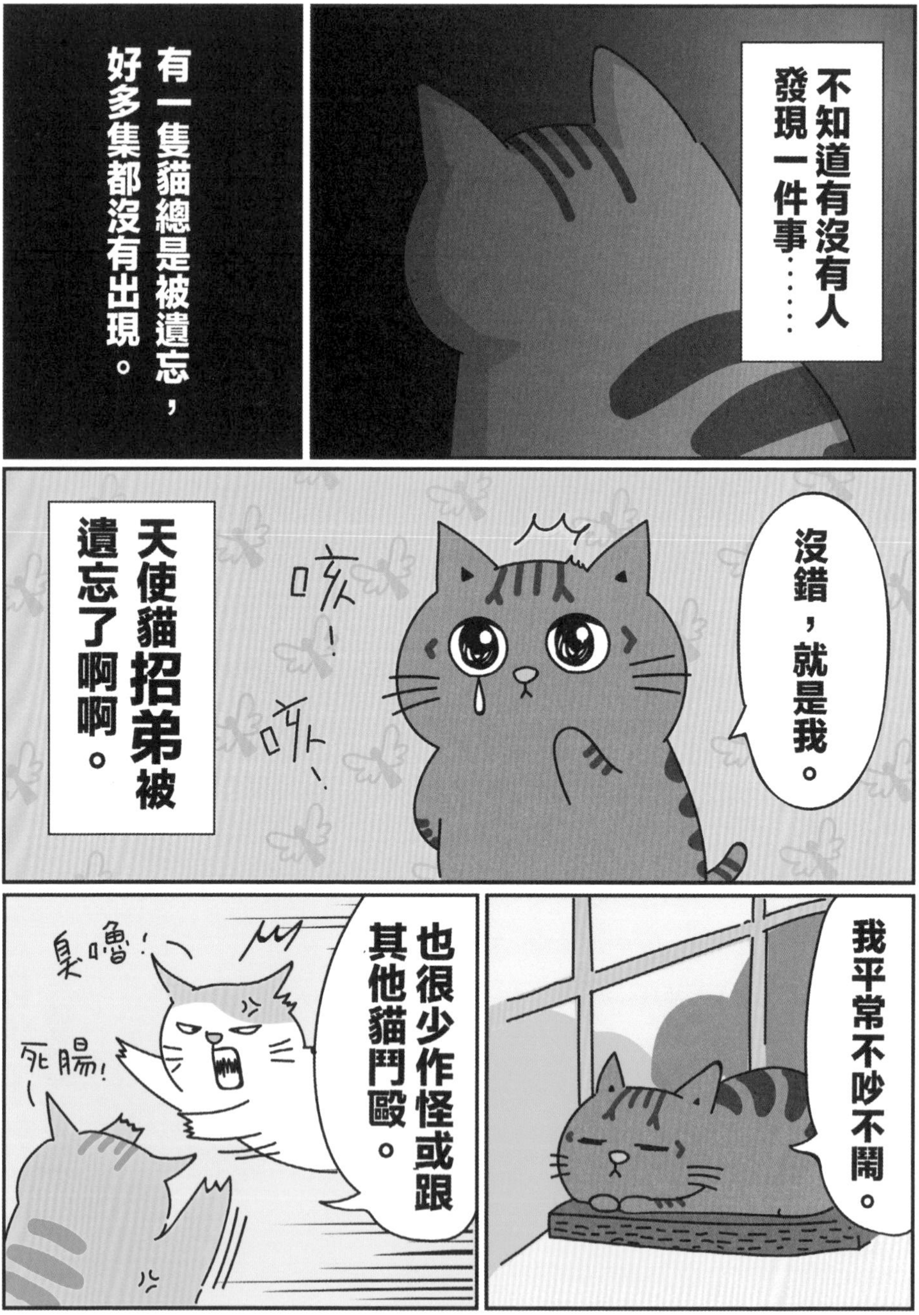
不知道有沒有人發現一件事……
有一隻貓總是被遺忘，好多集都沒有出現。
沒錯，就是我。
咳！
咳、
天使貓招弟被遺忘了啊啊。
我平常不吵不鬧。
也很少作怪或跟其他貓鬥毆。
臭嚕！
死腸！

但慢慢的……就沒有人記得我了。
只有愛吵鬧的貓，才會被關注……
你你你憑什麼！
（吃醋）
招弟妳幹嘛打浣腸
啊啊啊啊啊！

所以後來招弟變得很會表達意見了，人家現在肚子餓都會自己大聲點餐了呢！

晚點名

你等等就要回家了吧？
狸
對啊，怎？
銘
那要不要先把該隔離的貓隔好？
避免打架
好啊，順便晚點名一下。
狸貓房間組
阿瑪
呼嚕……
三腳……

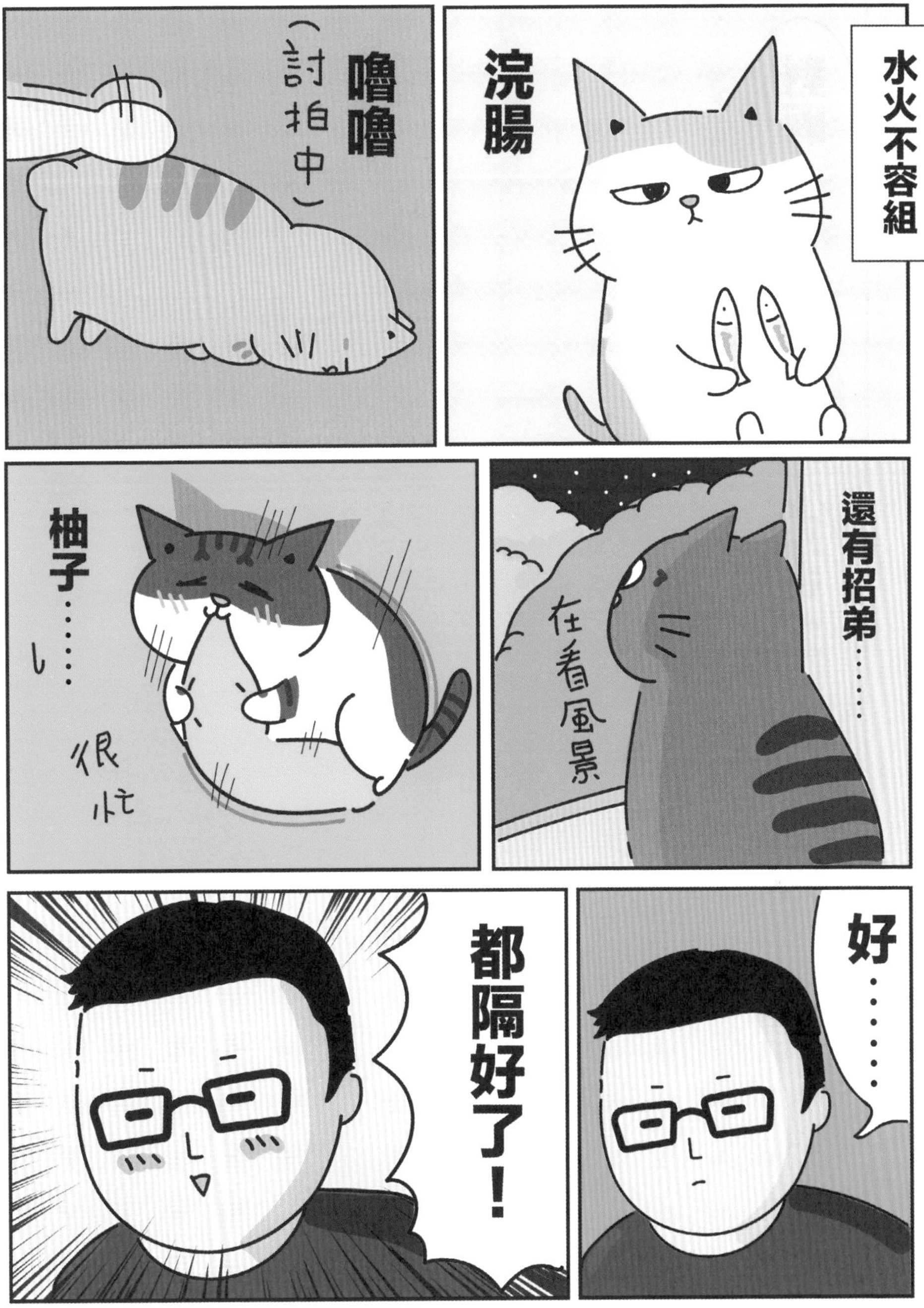
水火不容組
浣腸
嚕嚕
（討拍中）
還有招弟……
在看風景
柚子……
很忙
好……
都隔好了！

貓咪晚點名完成！
全員皆在。
樂
好喔。
每隻都乖乖的！
好像有一位被遺忘了。

貓咪多了真的是難免會有所遺漏，
所以我們大家都會再三確認過，
確保大家都有吃飽飽，
該隔離睡覺的就要隔開來，
大家才能維持良好的生活品質喔！

搬家小記

前陣子搬家的時候，因為施工日期較長，貓咪需住在半空的房間裡幾天。
尿⋯
房間擺設會有些微的變化，很怕他們會不習慣。
來，三腳來！
（之前床是靠這面牆）
⋯⋯
疑—惑
別怕，還是原本那張床跟被子喔！
拍—

可能貓咪需要一些時間熟悉，不過只要是有人陪睡，基本上是沒問題的。
快……過……來……啊……
他今天好怪……
抖
抖
抖
一直叫我過去，好像死變態。
竟然覺得奴才的行為很怪！
最後還是躺上去睡了。
z
z
z
z
阿瑪剛好在門口……也叫他過來吧！
啊～

衝
瑪……
好快！
而且已經塞到棉被裡面了！
阿瑪真是隨遇而安啊……呵呵。

2020 年三月底，我們搬到了新家，一轉眼已經是第三個後宮，還好後宮的大家都是屬於很容易適應新環境的貓咪，總是非常快速就找到各自喜歡的窩，面對他們的隨遇而安，其實對我們來說，也是一種超級有力的打氣呢！

第二章

偶爾發生的緊張時刻

摸貓肉球

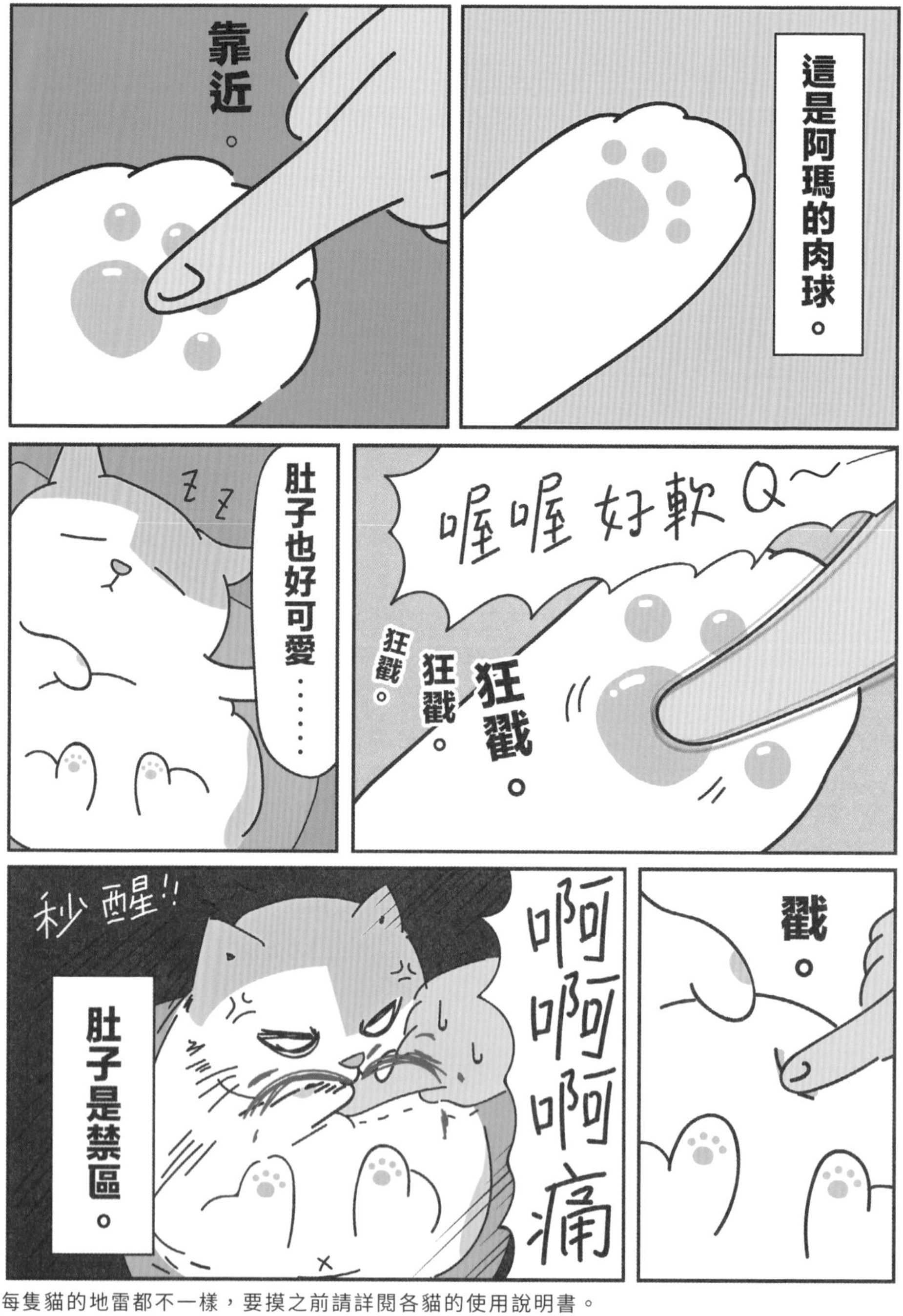

每隻貓的地雷都不一樣，要摸之前請詳閱各貓的使用說明書。

浣腸看到鬼

浣腸正在睡覺。
咚咚
咚
天啊！是腳步聲腳步聲腳步聲腳步聲腳步聲腳步聲腳步聲腳步聲腳步聲腳步聲腳步聲腳步聲腳步聲腳步……
咚咚咚咚
一定要逃，一定要逃，一定要逃，一定要逃，不然會死！
來了!!
浣……
浣腸的殘影
消失
我只是路過而已啊……
怕成這樣…

以前浣腸真的把我們當鬼，不過現在好多了，現在只是把我們當壞人。
（但狸貓除外，他們互相把對方當寶貝！）

嚕嚕有一個習慣。
哼！我是嚕嚕
會黏在用電腦的人類身邊。
好難打字...
ZZZ
嚕嚕你真的快把我的手壓斷了……
八小時後……
起身
終於起來了！
踩
嚕嚕你不要踩鍵盤啦……
……
踩
踩
啊啊啊啊
當機了！
啊啊啊啊
我沒存檔！

嚕嚕真的好可愛喔～（志銘）

不殺的理由

奴才沒事就會對阿瑪摟摟抱抱。
啊~啊~啊~阿瑪你好可愛喔。
無奈
晚上……
失眠
阿瑪你辛苦了……要忍受奴才的騷擾。
給你魚壓壓驚。
秀
秀
剛剛差一點動手殺了他!
怒
捏
朕只要用爪子就能要他的命!
但他手上還有很多朕的糧食和罐頭。
還不能殺他。
吃完再殺

各位奴才們放心，只要一直源源不絕的提供糧食，我們就不會被殺的！

Socles的憤怒

招弟最近很愛搶搜可史的位置。
測量距離中…
So最愛的位置
嘻嘻嘻。
跳跳
發現！
欸，妳怎麼跑到我的位置了？
蛤？這位置有寫妳的名字嗎？
……
可是我平常都睡在那裡的啊，妳沒有看到嗎？

嗯！沒看到。
……
但那顆枕頭都是我的味道吧？
（氣死我氣死我）
Sorry-
我現在睡這裡，我只聞到我的味道呀。
……
情緒失控的搜可史虐殺貓抓板中。

招弟還真是欺善怕惡的小壞壞呢！（請參閱 P14）

其實貓咪社會就像人類社會一樣，總有強弱之分，也都有陽光面及陰暗面，好人一定也有不為人知的小缺點，壞人也可能會有讓人讚賞的過人之處。

但不論如何，貓咪都是沒有錯的喔！
他們都是最可愛的，他們會犯錯都一定是我們的錯，
是我們不該看到那些畫面的啊，對！
一定是我們不好……我們要好好檢討才行……（自言自語中）

貓咪嘔吐了

貓咪很常嘔吐，而且他們準備吐的時候……
都會發出一種乾嘔的聲音。
嘔
嘔
嘔
阿！要吐了要吐了！是搜搜！快去接！
Socles
快快快快快快快快快快快快！
我來了了！我會接住的！
紙巾
接住。
但也有例外的時候。
嘔嘔
是招弟，招弟要吐！誰快去接啊啊啊啊！
嘔
吐。

舔
舔
舔
吐完真爽。
神清氣爽的。
……
招弟……
超難清理。
吐在牆壁和櫃子之間的隙縫裡了……
怎麼？有意見嗎？

貓咪真的很懂吐，吐在難以清理的地方，可以逼我們趕快清理，
又可以讓我們知道哪裡平常沒打掃。

被強迫的阿瑪

朕最討厭被強迫了。
阿瑪
氣pupu! pupu!
但最近每天朕都會被強迫。
白天晚上各一次。
阿瑪吃藥囉！
餵藥器
膠囊
朕會使出渾身解數來閃躲反抗……
朕不想吃！不想吃不想吃！
啪啪啪啪啪啪
啪啪啪
欸欸
但最後還是會餵成功。
阿啊啊 啊阿啊啊

史上最難被餵藥的貓界霸主，又踢又叫又咬都只是基本，
用孔武有力的身軀狂扭才是最殺絕招，
別說一般弱女子無法，
連我們兩個大男人也常常無法成功，
每餵成功一次我們就會誠心感謝這個世界，
謝謝老天讓剛剛的阿瑪有零點零零零零一秒的分心，
再加上我們如有神助的快攻推進，
才得以達成這舉世艱鉅的神聖任務！

敏感的浣腸

自從浣腸抱抱訓練有點成效後……
盯一著
浣腸就會一直關注狸貓的一舉一動。
用電腦時……
咬～
不要再玩電腦了，快來摸摸我理理我！
啊
半夜睡覺時……
敲門
狸貓在睡覺了嗎？出來陪我玩嘛！
如果狸貓剛好出門不在的話……
緊張～
咦？狸貓不見了……

這篇就是變成狸貓寶貝之後的浣腸，只要狸貓一離開身邊，就會變得很楚楚可憐……

嚕嚕與浣腸的戰爭

後宮的日常。
撞
撞P撞
欸，臭嚕嚕你撞到我了。
打
秒怒
死鬥雞眼，你打我幹嘛！
你才鬥雞!
你才肥肚大叔！胖到不可理喻！
抱
來打架啊！來啊！
呼
被……被抱起來了？

放我下來！
我要跟他打架！
啊
啊啊啊啊
我不放手
我要隔離
你們！
快把浣腸放下來！
我要跟他決鬥！
啊啊啊啊啊！
好痛痛痛痛痛痛!!

人類千萬別在毫無防具的狀態下，介入貓咪大神們的戰爭，否則只是找死啊！

浣腸的地雷區

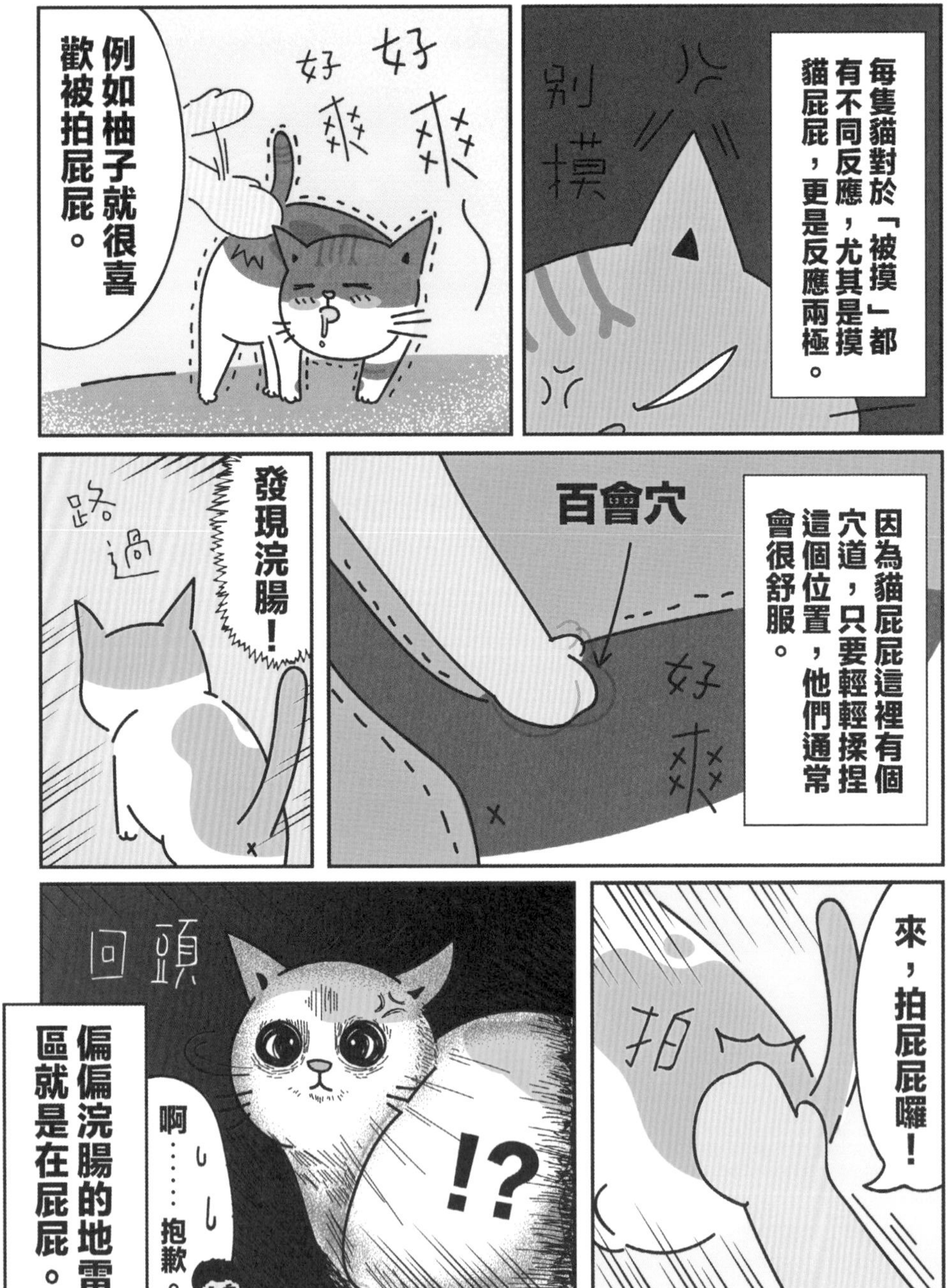
每隻貓對於「被摸」都有不同反應，尤其是摸貓屁屁，更是反應兩極。
別摸
例如柚子就很喜歡被拍屁屁。
好爽
好爽
因為貓屁屁這裡有個穴道，只要輕輕揉捏這個位置，他們通常會很舒服。
百會穴
好爽
發現浣腸！
路過
來，拍屁屁囉！
拍
回頭
!?
啊……抱歉。
偏偏浣腸的地雷區就是在屁屁。

摸屁屁這件事真的是因貓而異，搜可史、柚子都算是重度上癮者；招弟、嚕嚕、三腳就都還好，算是可有可無，可以摸但不喜歡被摸太久；而阿瑪、浣腸則是比較不喜歡被碰屁屁的類型。

不想面對的
崩潰瞬間

半夜起床

竟然已經快凌晨兩點了……
熬夜剪片…
AM 2:00
阿瑪又霸占我的床了……
安靜睡覺的阿瑪真是可愛，發張動態好了。
真可愛～
啪嚓
限時動態 14小時
寶貝在陪我
寶貝，晚安囉。
睡死。

AM 3:00
幫朕開門！
朕要去客廳走走。
快快快快快快！
門
敲門中
砰砰
好……
好睏
AM 3:25
幫朕開門！
朕逛完客廳了。
朕要進去睡覺！
門
敲門中
砰砰砰
好……
又來……
AM 5:20
快點起床！
肚子好餓喔！
重踩
……

（狸貓的內心）
zz
我要裝睡！
現在醒來的話，睡意就會全消，再也睡不著，這樣也好，順便讓那隻肥貓好好減肥啊啊啊！
靠近
……
（起！床！）
喵!!!!!!!!!
啊啊啊啊啊啊
嚇死我了！
直接被嚇醒。

貓奴們沒睡飽是很正常的吧？

Socles的瀑布

搜可史有一個壞習慣。
喵—
吃飯會吃得很快。
吃完又會因興奮而瘋狂亂跑。
好開心
好開心好
好開心好開
好開心好開心
好開心好開心好
好開心好開心好開心好開心好開心好開心
大嘔吐！
搜可史的瀑布
嘔
嘔
嘔
於是就常常出現這個畫面。
啊
啊
啊
啊
小幫手

貓咪就是喜歡吐在很詭異的地方，越平凡無奇的地方越不值得吐，
要吐之前一定要好好規畫一下才行呢！

阿瑪的禮物

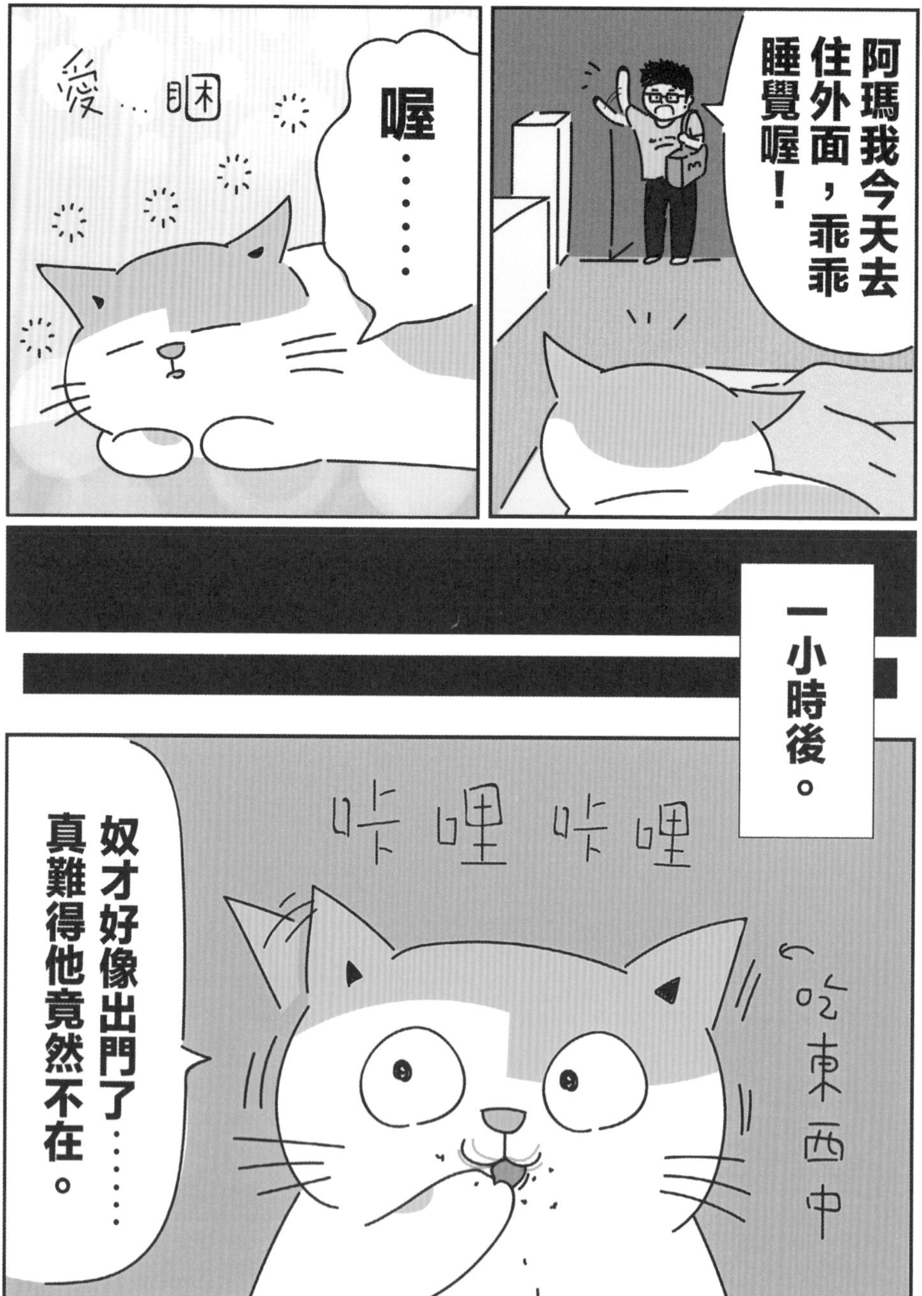
阿瑪我今天去住外面，乖乖睡覺喔！
喔……
愛…睏
一小時後。
奴才好像出門了……
真難得他竟然不在。
咔哩 咔哩
吃東西中

既然如此……
！
該準備一些小驚喜。
但……該送什麼呢？
送飼料？
思考
啊，想到了！

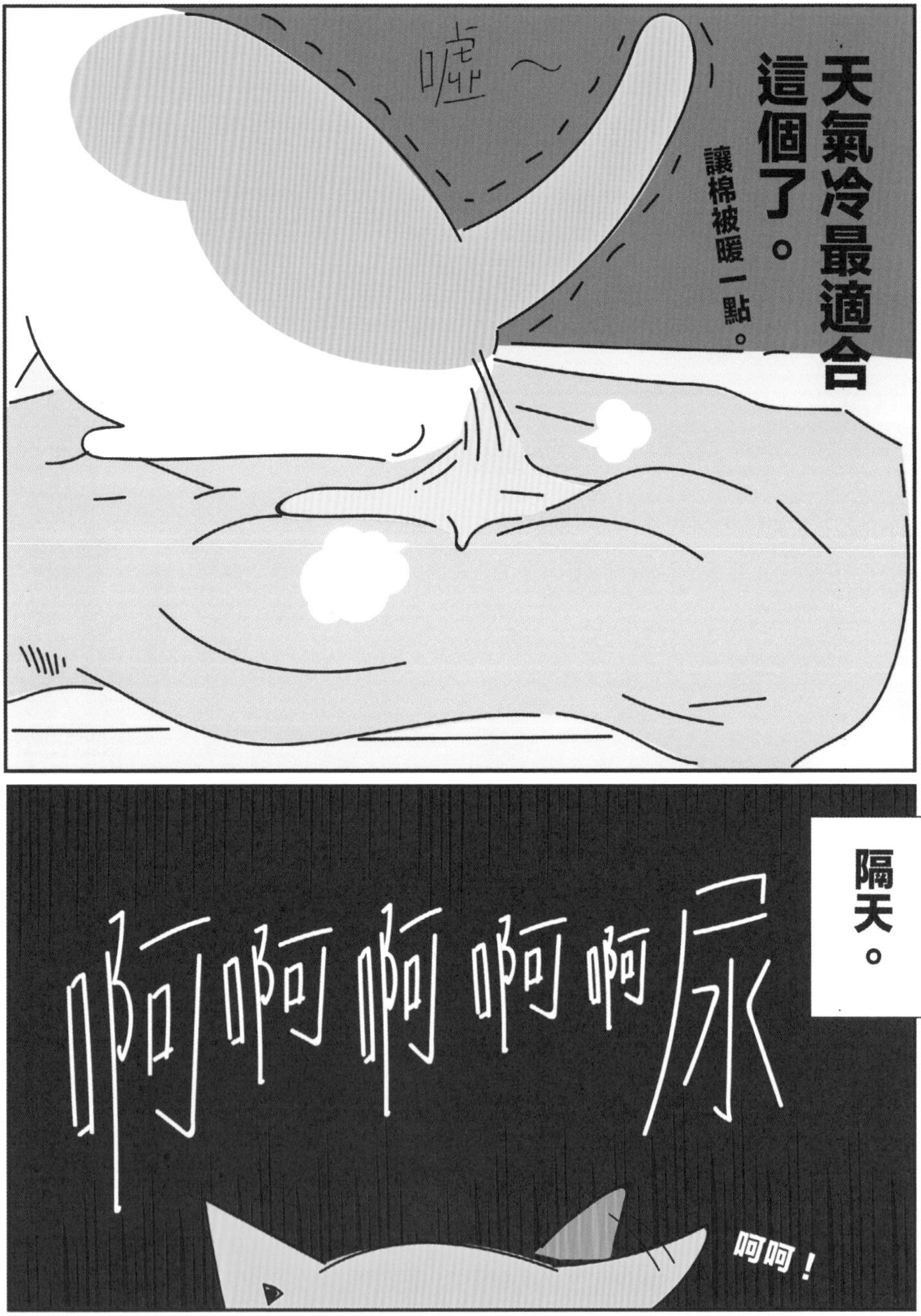
天氣冷最適合這個了。
讓棉被暖一點。
噓～
隔天。
啊啊啊啊啊尿
呵呵！

其實阿瑪本貓超少亂尿尿的，除了以前結紮前因為發情而尿之外，他幾乎不曾有這項惡習。

本篇其實是在最近這次搬家前發生的慘劇，那時大概是因為我們常常外出開會，時常讓他感到被冷落（沒錯，皇上也是需要關愛的），再加上當時浣腸與狸貓的親密訓練很有成效，導致浣腸總想巴著狸貓不放，可能也因此增加了阿瑪的地盤競爭意識了吧……

阿瑪來取暖

人會放屁，當然貓咪也是會有同樣的生理反應，而且有時還滿臭的呢！

嚕嚕高射砲

這很明顯是一種留氣味占地盤的概念，尤其是他在小房間裡待很久後，出來客廳走走時，會常常發生的休閒活動。

認真踏踏

貓為什麼會踏踏呢？因幼時哺乳的關係，會習慣揉母貓的胸部，成年後很多貓還是有這種行為……
原來如此，阿瑪有時候會這樣欸！
當天晚上
阿瑪來了，他都會跑到床鋪上踏踏。
跳
踏——踏——
啊啊啊，好可愛喔！
咦咦咦？？？

為什麼阿瑪踩過的那裡……怪怪的？
聞
呀啊啊啊啊啊啊啊
是大便！
阿瑪你的手有大便！快下床啊啊！
失眠
洗完床單已半夜三點。

阿瑪有陣子因為主食罐蛋白質種類的關係，特別容易軟便，
那陣子無論他到哪，屎就會跟到哪，真的是見瑪如見屎呢！

此篇發生於抱抱訓練前。

浣腸的內心陰影

後宮們挑戰萬聖節鬼屋的那天……
小胖
Happy Halloween
浣腸一直默默躲在高處觀望。
抖
抖
抖
抖
抖
完全不敢靠近鬼屋。
天啊，看起來好可怕……
感覺那裡面有鬼啊……
不能靠近不能靠近
不能靠近不能靠近
不能靠近不能靠近
不能靠近不能靠近
不能靠近不能靠近
不能靠近不能靠近
不能靠近不能靠近

詳情請見 Youtube 影片「鬼屋歷險記！猛鬼 vs 餓貓！萬聖節企劃」。

天啊，浣腸看到鬼的這個表情……
好可怕好可怕
好可怕好可怕
好可怕好可怕
好可怕好可怕
好可怕好可怕
就跟平常看到我們的表情一樣。
在他心中我跟鬼一樣……
在他心中我跟鬼一樣……
在他心中我跟鬼一樣……
在他心中我跟鬼一樣……
原來根本不需要特地做鬼屋啊。

浣腸真是……好可愛呢呵呵呵呵……

撒嬌的柚子

敲門中
我要進去！
我要進去！
讓我進去！
如果阿瑪跟三腳晚上待在狸貓房間。
開門！
開門！
開門！
開門！
開門！
開門！
……
……
柚子就會在門口大聲咆哮（吃醋？）
外面那隻好吵。
不耐——
奴才處理一下啦！

在第二後宮時期，柚子是不能進臥房的，導致每次他一旦有機會闖進臥房，
就會想要噴一兩滴尿做標記，以示到此一遊。

嚕嚕的妙算

自從浣腸跟嚕嚕開始隔離後……
哼!
小魚乾
想打架?
彼此都想進入對方的領域範圍。
某天……
衝—
啊!嚕嚕你怎麼跑來浣腸這?
嗯……
不然讓他逛個幾分鐘好了,看他很想逛逛的樣子。
嗅
嗅
嗅

嗯……
爬~
爬到椅子上想幹嘛……
咻~
噴
哼3!
哼，我們已經不怕噴尿了。
這張椅子是皮製的，貓尿可是滲透不了的！
嚕嚕太小看我們了。

啊

這張椅子的椅背是……
棉質網狀的
的的的的的……
（唯一的破口）
棉質布料以超快的速度吸收了嚕嚕的尿。
呵呵。
不！我的椅子！
好臭……

這章的很大篇幅都是跟貓咪亂尿尿有關，
大家應該也不意外了吧哈哈哈！
說這是貓奴人生中最崩潰的事情，
應該也不為過，貓奴的家偶爾被貓尿一下，
沒有什麼好大驚小怪的，
我們應該，或是說我們能做的，
就只是隨時做好清貓尿的準備，
還有勇於接受一切悲劇的勇氣，
大家以後也都要一直加油奮鬥下去喔！

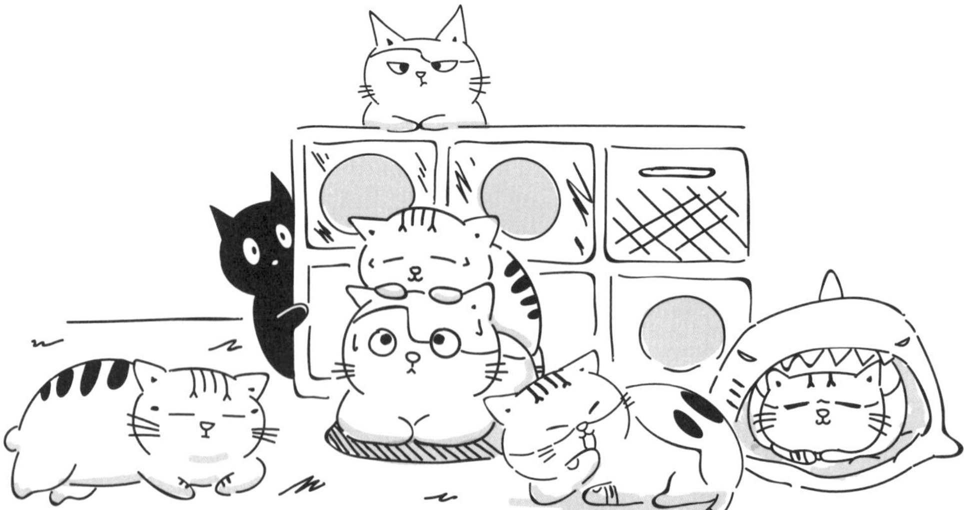

第四章

想要一直持續下去的幸福時光

看著你

有人說，如果貓願意看著你，代表他對你有好感。
哇……三腳在看我欸！
她看得超級深情啊啊！
但……這眼神太熾熱了，我招架不了。
躺
……
總覺得壓力有點大。
好餓好餓好餓好餓好餓好餓好餓……
該不會被鬼壓床了吧？
好可怕……
並不是。

被三腳凝視真的是幸福無比，不過毛真的是有點多啦！

阿瑪的上班時間

早上工作室還沒有人的時候。
阿瑪都會睡在貓盆裡。
呼嚕呼嚕……
當有人坐到旁邊的椅子時。
咚咚咚……
咚咚咚……
阿瑪就會默默出現在旁邊那張椅子上。
不要偷摸朕。

此為阿瑪漫畫網路版的第一話，當時畫風與現在略有差異。

柚子拍屁屁

嗨~我是柚子！
我每天一定要做的事情……
就是拍屁屁！
叫奴才拍。
拍我
用力一點！
再用力一點！
用全力♥
柚子，休息一下好嗎？
好累…
不行！
怒
隔天奴才的手就壞了。
欸你怎麼了？
手扭到了。

其實後宮裡愛拍屁屁的貓咪不只有柚子一個，
但是柚子可以算是被拍出了一個新的高度，
不只是物理上的屁股抬高，
就連我們和他之間，
好像也有種斷不開的化學變化，
總在我們拍他屁股的時刻蔓延開來，
那是一種我們懂他，
他也懂我們的愛，
是一種超極致的浪漫啊！

三腳的困擾

這是三腳，三腳不太愛動，所以很多時候都在睡覺。
Z Z Z…
有時候奴才會喚醒她。
三腳～
然後……會提出個滿困擾三腳的要求。
又…又來了…!!?
快點……
咬我❤
真是變態！為什麼要我咬他？不咬又會一直吵我……。
好
好吧
好
咬死你！
咬死你！
咬死你！
咬死你！
啊啊
啊啊
不行了

這邊的奴才是狸貓（指），真的是好變態！

阿瑪好萌好萌

貓就是萌，萌爆了就是萌爆了，毫無意義的一種精神境界。

奴才生病了

奴才最近出國回來發燒又咳嗽。
咳！
咳！
咳！
咳！
咳！
咳！
不行，我要去房間躺著休息……
咳！
阿瑪正在狸貓房間睡覺
阿瑪，你在這裡啊，我快咳死了……
張眼
起身
……

其實這種時刻真的好溫馨，幸福感滿滿的，平常忍受他們的壞壞就是為了這種時刻啊！

陪嚕嚕睡

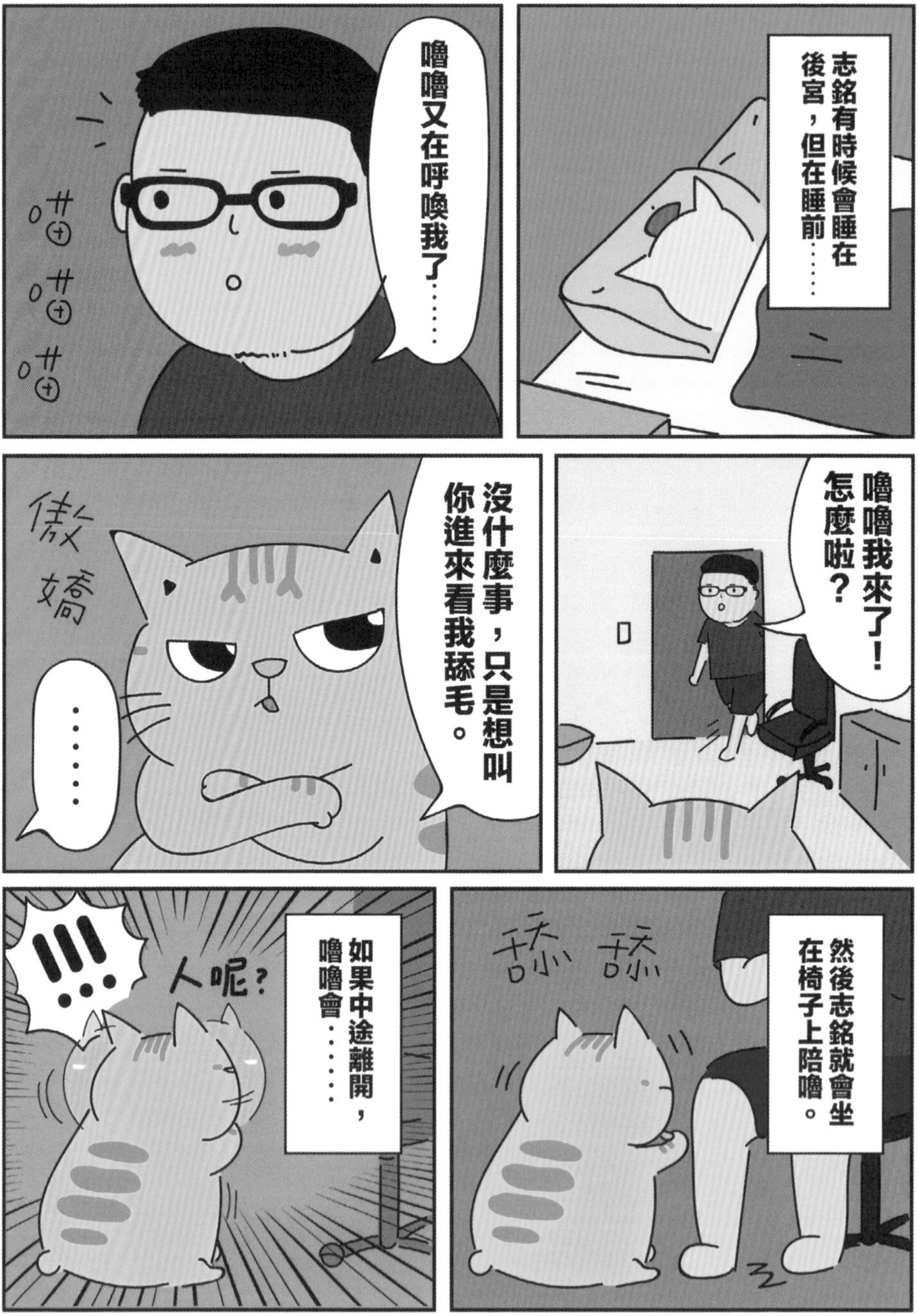

志銘有時候會睡在後宮，但在睡前……
嚕嚕又在呼喚我了……
喵
喵
喵
嚕嚕我來了！怎麼啦？
沒什麼事，只是想叫你進來看我舔毛。
……
傲嬌
然後志銘就會坐在椅子上陪嚕。
舔舔
如果中途離開，嚕嚕會……
人呢？
!!!

志銘你去哪了？回來看我舔毛毛毛毛毛毛啊啊啊啊啊啊！
舔毛很重要！你要看著我！
是是是……遵命！
秒
嚕嚕可能有被志銘看著才能舔毛的怪癖。
舔
舔
……
所以要等他舔完毛，然後趴在睡墊睡著，志銘才能關燈離開。
Z Z Z
天啊，快三點了……
失眠
最後都會弄到很晚才能睡。

嚕嚕的愛就是這麼霸道且毫無來由，很像偶像劇裡的霸道總裁，帥得讓人無法招架！

好久不見

養貓人出國時的美好幻想。
啊……阿瑪他們會不會很想我啊？我出門那麼多天，他一定感到很孤單很寂寞很無聊很想要我陪他睡吧？真是一隻寂寞又需要我的小貓貓。
癡漢
想像畫面
等我回國，他應該會這樣吧……
你終於回來了！
回國後……
貓貓們
好久不見啊！

這是我們的真心話，每次旅行或出遠門，心裡掛念的永遠是：
這些不一定會同樣想念我們的貓咪們。

封印

每次有陌生人來後宮，柚子都會……
啊，他是要坐我腿嗎？
踩
對喔！他喜歡打招呼，可以讓他坐著。
半小時後。
嗯……嗯……
（面有難色）
上半身在桌上
下半身在身上
怎麼了？
我想上廁所……
動
啊啊不好意思，我幫你把他抱走
我不走！

這種時刻到底誰能忍心離開，不如以後穿戴個尿布好了！

阿瑪最愛我

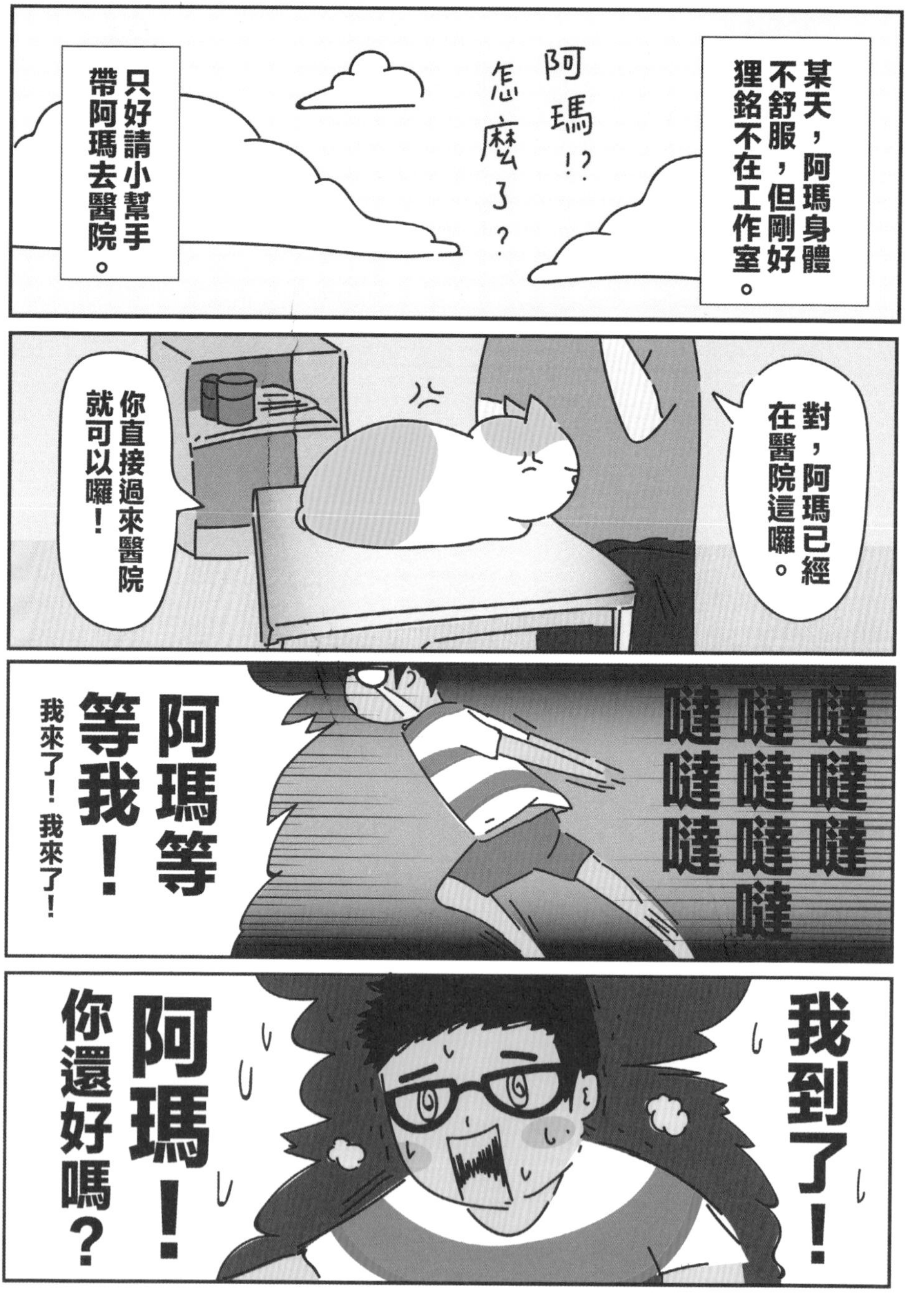
某天，阿瑪身體不舒服，但剛好狸銘不在工作室。
阿瑪!? 怎麼了?
只好請小幫手帶阿瑪去醫院。
對，阿瑪已經在醫院這囉。
你直接過來醫院就可以囉！
噠噠噠噠
噠噠噠噠噠
噠噠噠噠
阿瑪等等我！
我來了！我來了！
我到了！
阿瑪！
你還好嗎？

安靜——
空空盪盪的
診療台
阿瑪……呢？
探頭
阿瑪你怎麼
躲在那啦！
你怎麼這麼慢來？
跑出來～
原本躲在診療臺下的
阿瑪，一看見狸貓就
快速飛奔到他腿上。

在醫院裡的貓咪們，總是特別親人呢！

三腳的溫柔

呼，好累……
終於忙完了~
倒
哦哦哦~
嗯……
瞬移~
踩
!
三腳妳怎麼突然就躺上來了？剛發生什麼事？
太快了！
呵
呵
因為你看起來很欠我壓，所以我就跑上來壓你了啊。

這是不是就叫「甜蜜的負擔」啊？然後三腳的毛真的好多喔！

阿瑪侍寢

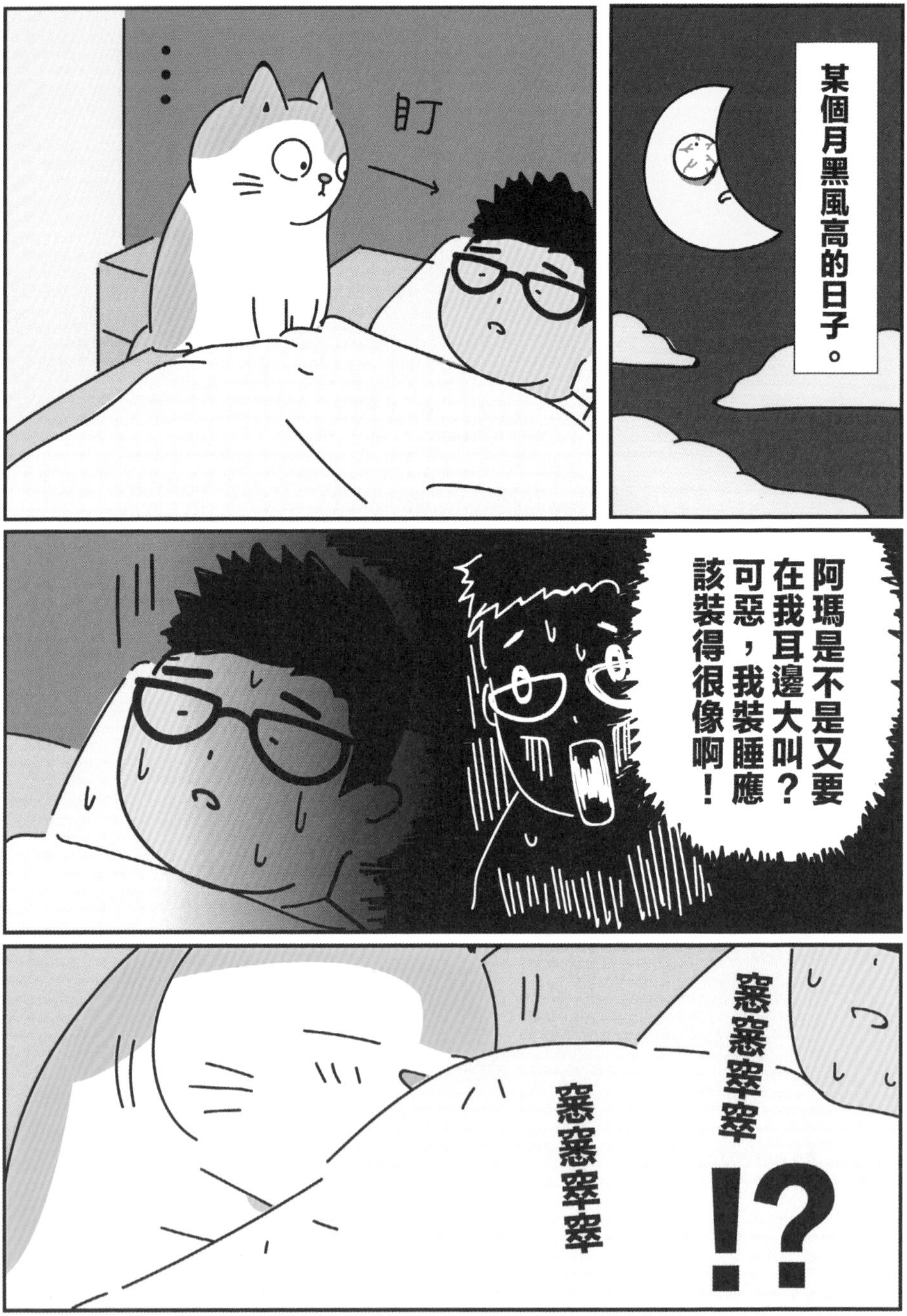
某個月黑風高的日子。
…
盯
阿瑪是不是又要在我耳邊大叫？可惡，我裝睡應該裝得很像啊！
窸窸窣窣
!?
窸窸窣窣

就算只是為了取暖，還是讓人熱淚盈眶啊！

奶貓的危機

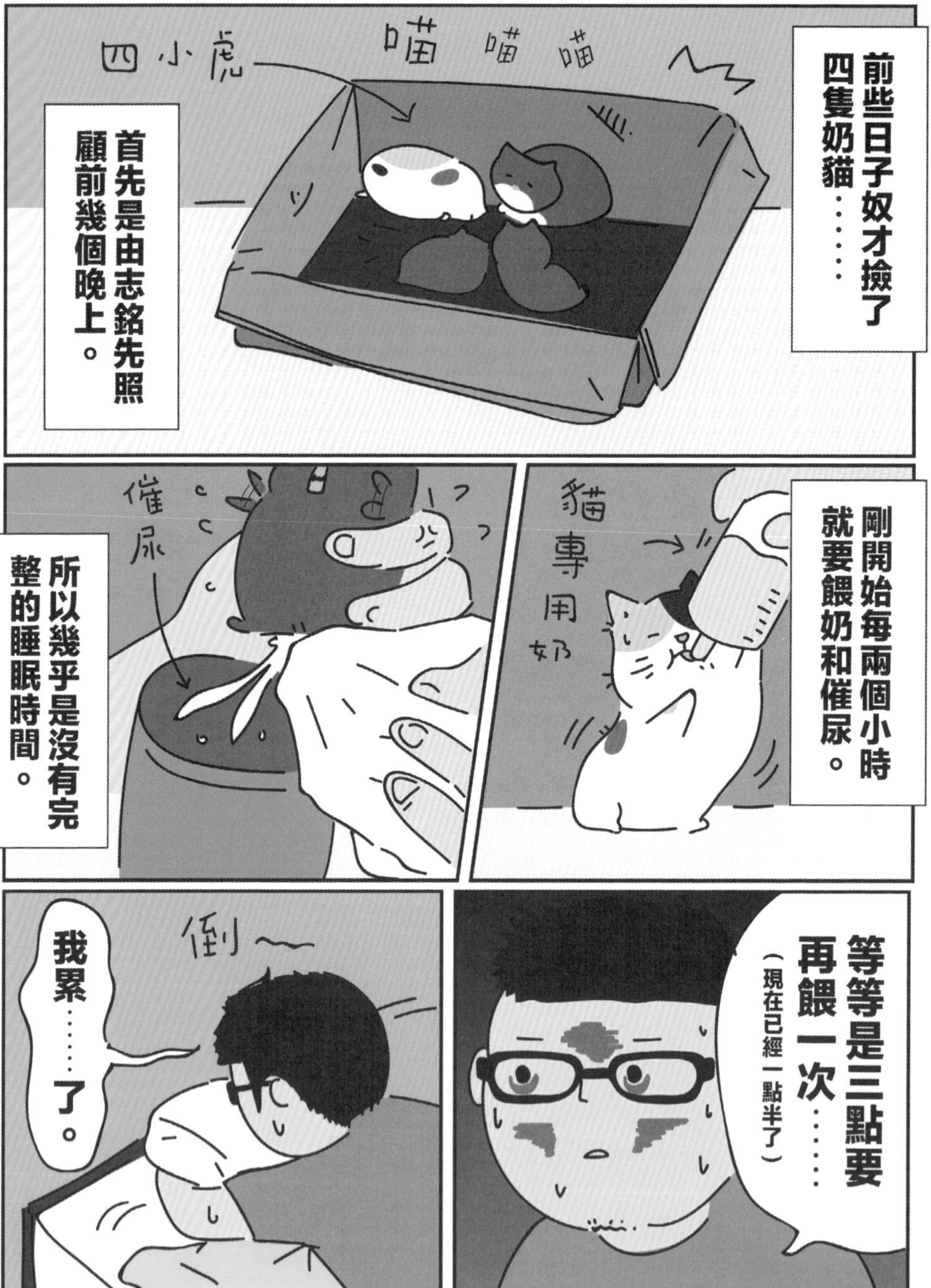
前些日子奴才撿了四隻奶貓……
喵 喵 喵
四小虎
首先是由志銘先照顧前幾個晚上。
剛開始每兩個小時就要餵奶和催尿。
貓專用奶
催尿
所以幾乎是沒有完整的睡眠時間。
等等是三點要再餵一次……
（現在已經一點半了）
倒～～
我累……了。

鈴鈴鈴鈴
!
嗯……好吵……
（按掉）
啊啊啊啊啊幾點了？
五點了了了？？
奶貓要餓死了要餓死了要死了死了死了！
天啊！都沒有動靜！該不會真的死了？天啊我對不起你們，我害死了你們！
對不起……
對不起……
對不起……
咦？還有呼吸？
喔，只是睡著喔……嚇死我了嚇死我！

這四隻當時暫時取名為四小虎，分別是 1 號到 4 號。

2019年十一月，
我們撿到了一窩四隻小奶貓，
經歷了日夜的細心照護與陪伴，
他們總算都平安長大，
如今也都有了很棒的歸宿。

第五章

不想運動運動會

#01貓咪運動會的開端

運動會就是大家聚在一起
切磋運動能力的活動喔！
1
2
有棒球、籃球……
你們那什麼臉？
嫌棄。
嘖…
你知道我們是貓嗎？
高智商生物。
貓才不運動呢！
你看那隻黑貓一直睡。
我只是在放空
指

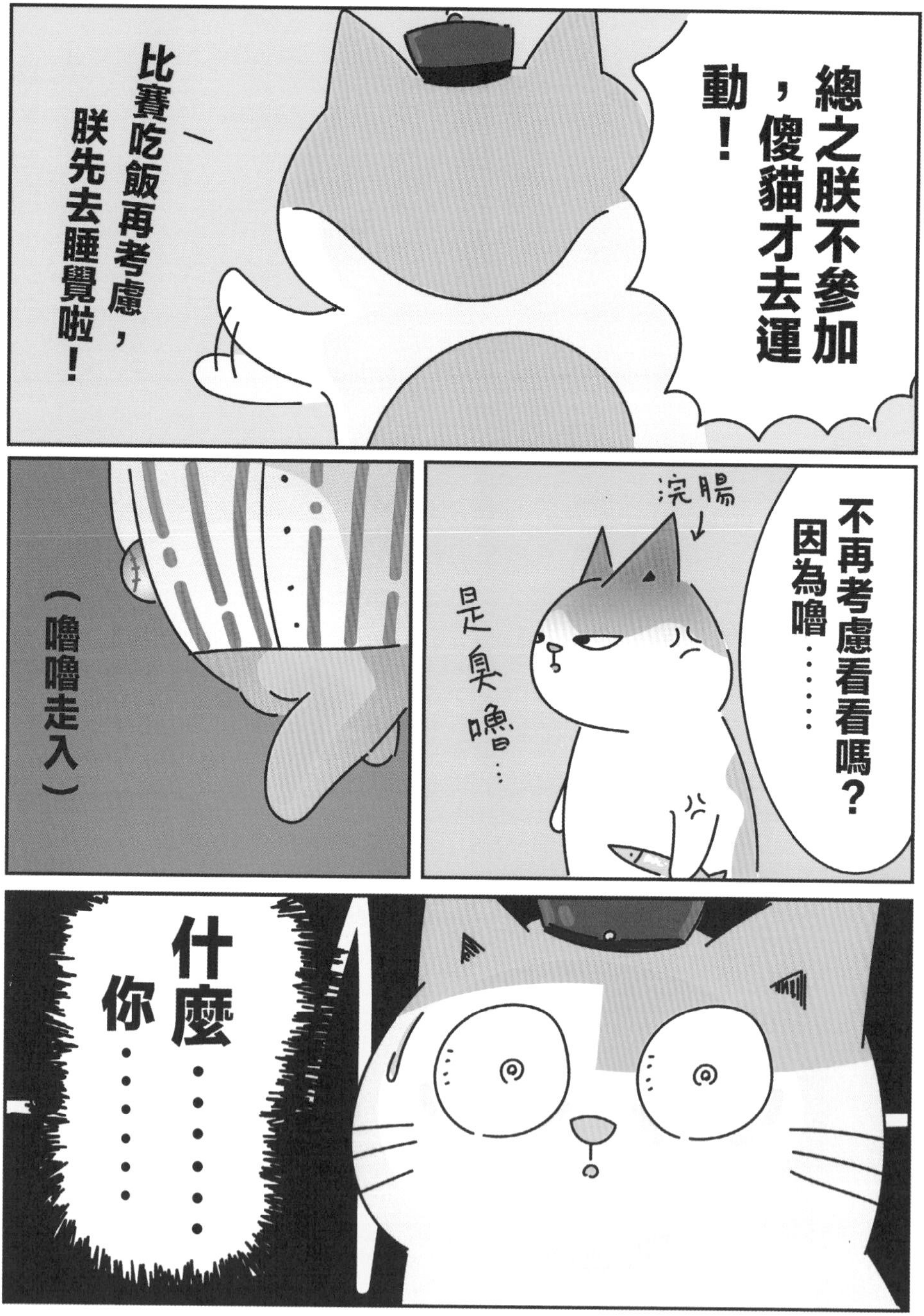

總之朕不參加，傻貓才去運動！
比賽吃飯再考慮，朕先去睡覺啦！
不再考慮看看嗎？因為嚕……
浣腸
是臭嚕…
（嚕嚕走入）
什麼……你……

嚕嚕我已經準備好了！
已穿好
棒球
你不想參加？
該不會……是怕輸我吧。
呵

可惡……
如果嚕嚕要參加……
那朕也要參加！
啪
啪
朕絕對不會輸你的！大家都來把衣服穿起來。
好的！
蛤？我們也要參加嗎？
期待
不想運動運動會，正式開始！

嘖…

#02來打棒球吧

不想運動運動會，開始比賽前……
說明員
開始棒球賽前，我來跟各位說明一下有什麼項目吧！

除了棒球、有籃球、游泳、田徑、拳擊、體操、足球、還有羽球！

人類有這麼愛運動啊……
為了方便計算總勝負，我幫大家特製了一款小物。

就是這個！
後宮打不倒公仔，
這就是你們的計分器！
打不倒可是充滿正面精神的態度喔！
Trumeowcats
1

每貓都有屬於自己模樣的公仔，每項運動的冠軍就能獲得一隻，等運動會結束後，誰擁有最多的公仔……
他就是總冠軍！
不倒
不倒
Trumeowcats
5

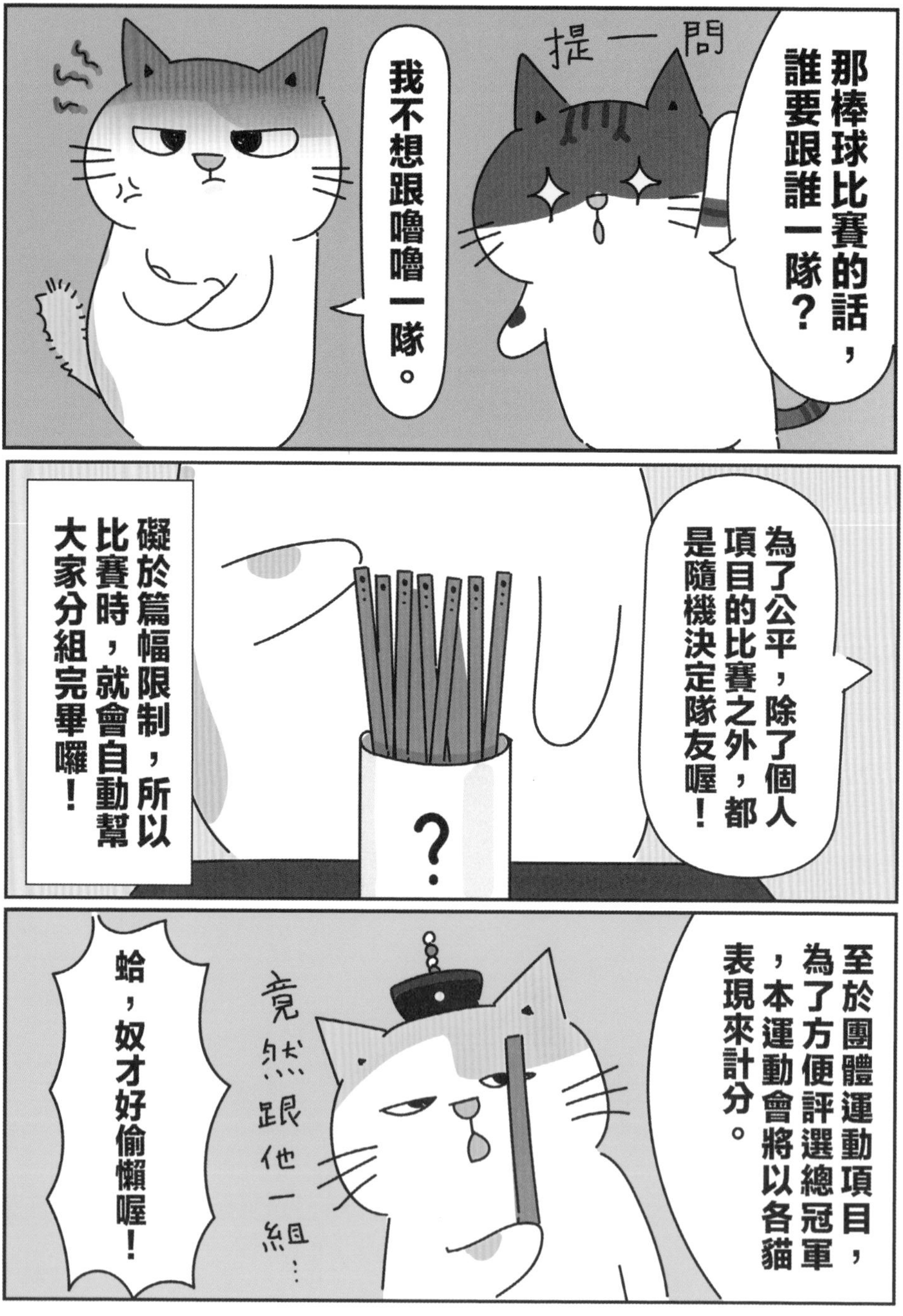

那棒球比賽的話，誰要跟誰一隊？
提一問
我不想跟嚕嚕一隊。
為了公平，除了個人項目的比賽之外，都是隨機決定隊友喔！
礙於篇幅限制，所以比賽時，就會自動幫大家分組完畢囉！
？
至於團體運動項目，為了方便評選總冠軍，本運動會將以各貓表現來計分。
竟然跟他一組…
蛤，奴才好偷懶喔！

我有問題，可是我少一隻手，這樣我還要參加嗎？
三腳妳要多運動啊，不用贏沒關係！
那我鬥雞眼也要比嗎？我看不到欸！
看無！
可以啊！你看阿瑪那麼胖都可以比……
啪
啪
啊！
那就開始吧，這會是一場賭上面子的競賽喔！
好痛…

各壘包上的選手都已就定位了！
緊張
打擊手阿瑪，也已經準備好了！
投手嚕嚕準備投出他的第一球！
這一球將打響不想運動運動會的號角聲！

這是……賭上名聲的一球。
無論如何，朕都不能輸給嚕嚕……
等一下球會飛來我這嗎？
我會不會被棒球砸到……
加油啊！
還好我還不用上場……
5

嚕嚕投出去了！
是個直球！
阿瑪能打擊成功嗎？
這速度……
真是小看朕……
啊！

有鳥在飛……
是獵物！

天啊！所有選手不知道看到什麼！都開始追起球球了！
我的！
不要跟我搶！
啊-
場面完全失控！
啊——
是我的獵物！
吵
我的啦！
天啊—
結果除了三腳，全員犯規落敗，三腳率先獲得一分。
呼…嚕…

後宮運動會計分板
項目
後宮
棒球
游泳
羽球
體操
籃球
足球
拳擊
田徑
合計

#03來游泳吧

恭喜三腳率先領先一分！
哇——好小
睡覺也可以得分？
怨怨怨
這不公平吧？
大家少說閒話，能在運動比賽中睡著也是一種才能啊！
志銘
反正，下一階段的比賽，一定不會輕易睡著囉……
再來是……
吸氣
游泳!!

蛤？游泳？
喂？警察局嗎？
這裡有人虐貓喔。
別擔心，很安全啦！
我們已經準備好泳具和貓咪專用游泳池囉！
喔
抗議
欸欸，我們貓可是不碰水的啊！
你們太天真了，換個角度想，只要你們願意挑戰……
你們就會是，唯一會下水的貓咪喔！

唯一啊，聽起來是滿帥的耶……那朕參加好了。
（竟然馬上被說服）
好像可以喔！唯一呢！
感覺會死……
看來……要紅就看這一次了啊。
比賽規則很簡單，最快游到對岸的，就是勝利者！
1
2
我們的七位參賽者，已經著裝完畢，進場囉！

阿瑪穿起來非常合身呢！
緊
哪裡剛好了……好緊……
緊一點看起來應該會比較顯瘦啊！
我……就先不比了。
三腳
嚕
我……也棄權。我們真的會被水殺死。
令人意外的決定，三腳跟嚕嚕竟然決定棄賽！
……
欸……浣腸你看起來很緊張欸！

沒關係，場上還有其他選手，請各位選手就定位囉！
水……
招弟，別擔心啦！朕會保護妳的！
預備……
水……我不行……
嘿
開始!!
咻

柚子竟然公然推大家下水！
啊！
什麼！
推
啊！
啊！
反正他們一定也不敢下水！我是在幫他們！
我真棒♪
呵
救命啊！
啊——
招弟！朕來救妳了！
跳

阿瑪下去濺起好大的水花！水位驟降中！
水位降低了!!
水只剩一點點，大家都可以踩到地板了！
看這水位，應該沒辦法游泳了，比賽就到這邊結束吧！
（超隨便）
哈哈哈哈，來玩水吧！
那隻黑貓，她在幹嘛……
招弟，妳沒事吧！
招弟溺水了！
經大會討論，除了棄賽和犯規的柚子之外，有下水的四位選手，都算勝利者，各得一分！

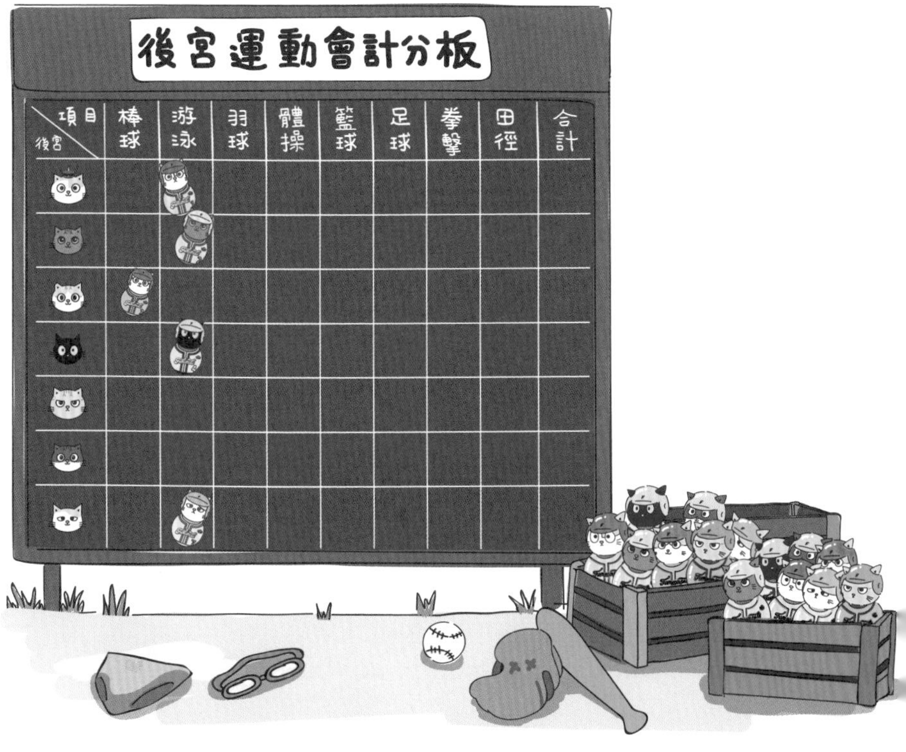
後宮運動會計分板
項目
後宮
棒球
游泳
羽球
體操
籃球
足球
拳擊
田徑
合計

#04羽球大賽

目前賽況，除了柚子和嚕嚕之外，每位參賽者都各得一分！
哇，好小好可愛！
我的衣服是灰色！
……
……
還沒拿過自己的打不倒公仔的兩位。
我這次一定要得分。
哼！
運動會根本是在虐貓……
呼……
我還差點溺死……
接下來我一定要得分，身為運動高手，成績掛蛋太丟臉了！
柚子
認—真
咻

啪！
!?
柚子成功接球，獲得一分！
我的身體竟然自己做出反射動作……
這……這是什麼？為什麼我拿著羽球拍？
哼哼……
比賽已經在你們偷偷抱怨的時候，默默開始囉……
在說朕嗎？
也太突然了吧！規則什麼的都沒說！

I'm Ready!
人生也是這樣啊，常常要面對突如其來的事情，對吧？
我的…
恭喜柚子成功得到第一分喔！
只要能順利接到、或打擊到羽球，就算是成功得分喔！
Y.Z HSU 6
這代表……羽球可能隨時會飛過來！
4
發一功
是得分的好機會啊！
嘖，怎麼可能接得到？
納涼
咻
接

成功打擊！搜搜獲得一分！
YA—
什麼！球剛好飛過去她那吧！
三腳獲得一分！
沒想到我也可以!!
為什麼連三腳都接到了？放水啊！
阿瑪，停止抱怨，多花點心力在眼前的事情上吧！
招弟獲得一分！
嘿—
嚕嚕被羽球打到頭，沒得分！
啪！

浣腸很可惜，差一點就接到球了！
啊……
可惡！
而阿瑪還在抱怨的時候……，其他的貓都陸續接過球了。
球都不來這!!
最後阿瑪用他的方式，結束這場羽球賽，請各位不要模仿他。
可惡！
可惡！
什麼羽球！
要好好掌控自己的情緒喔！

後宮運動會計分板
項目
後宮
棒球
游泳
羽球
體操
籃球
足球
拳擊
田徑
合計

#05失控的比賽

大會報告，女生組各得兩分，阿瑪柚子浣腸各一分，嚕嚕零分。
*計分用的打不倒公仔
這樣下去真的不行……所有橘貓的臉都被我丟光了。
沒想到嚕嚕這麼愛面子……
柚子，我們男生組都落後了，要不要一起聯手贏他們？
嚕嚕竟然會想要團結，好感人啊嗚嗚……平常都只想打架。
只有你落後吧？你去找阿瑪或浣腸吧。
呵呵
我想玩ー
在辛苦的遊說之下，阿瑪和浣腸雖然跟嚕嚕不合，但為了贏得比賽，最後還是跟嚕嚕暫時結為同盟。
先休戰！
而他們想出來的應對辦法，竟然是……
Plan A
Plan C
Plan C

把自己的食物分給領先的三腳、招弟、搜搜，讓她們吃得超飽。
飯感覺比平常多……
好睏……
體操賽即將開始，三位參賽者無故缺席，將視同棄賽！
朕好了
女生組因為吃太飽，血糖上升，全部都睡過頭了。
撐起來了！
四位選手都成功完成吊環動作，各得一分！
出力
嚕嚕撐住了！得到他的第一分！
接著比籃球賽，女生組因為還在睡，所以也缺席了。

完美，四隻貓都成功在籃球上面睡著了！
Z Z Z
得分！
貓式籃球竟然是以這麼懶的方式得分，籃球迷都崩潰了吧……
接著是比足球，雖然女生組已經睡飽回來參賽了，
嚕嚕得分！
但只有嚕嚕是唯一一位認真踢球的選手（其他都亂玩），總算成功幫橘貓爭回一點顏面。
3分組
用力
我終於沒有落後，跟大家同分了！
接下來就各憑本事吧，誰贏誰可還是未知數！
3分組
哼
我們的合作就到這裏，朕跟你們可不算朋友喔！

你們還不是因為我們睡過頭，才有得分的機會！
我竟然會睡過頭！
再睡五分鐘，就睡過頭了……
2分組
叫囂沒有意義，之後我們用實力取勝即可。
2分組
拳擊賽的規則很簡單，因為貓咪們都太會閃躲了，
所以採取大亂鬥機制，最先打到別人的就獲勝！
三腳少一隻手，不然先對她下手吧……
3分組
她少了左手手掌！就從這死角攻進去！

抱歉啦！
！
來不及了，躲不開……
竟然想攻我的死角……
可惡……
本來不想用這招的。

「來自天堂的左手」
三腳用突然出現的手擊倒場上所有選手！
三腳得分！
啊
嘔

三腳隱藏能力介紹
這可是後宮貓咪第一次使出能力呢！
（我被打得好慘啊！）
柚子
三腳是怎麼樣使出隱藏能力呢？
當時情況....
是被逼的時候才能用？
用完有什麼副作用？
我們今天要來幫各位打電話問作者！
興奮
我……我不太清楚欸……
她……我也不知道她怎麼會那招……
Call out
不好意思……
石化
連作者都……無法捉摸的能力！

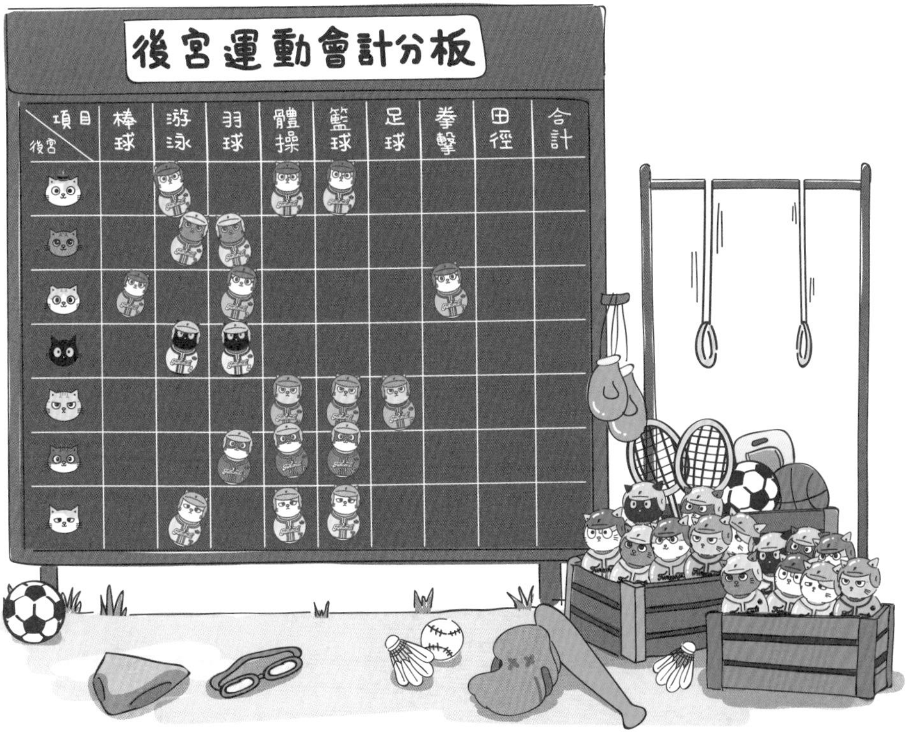
後宮運動會計分板
項目
後宮
棒球
游泳
羽球
體操
籃球
足球
拳擊
田徑
合計

#06終局之戰

3分組
三腳竟然用大招……
三腳……這樣不算犯規嗎？她用隱藏技能欸！
3分組
如果你們有斷一隻手，你們也可以用啊！
……她撿到槍嗎？
2分組
我們是最落後的欸……都是睡過頭害的！
反正我們有吃飽也有睡飽，沒關係啦！
3分組
除了兩位落後者之外，其餘參賽者都是三分。
決勝賽是最簡單、最直接的競賽……賽跑。

比賽當天……
各位選手，各就各位……
1
2
3
預備……
開始！
1

搜搜一貓當先！
其實這場比賽，從一開始就勝負已定。
幾天前
(犯罪貓樣)
你要多少才肯出手？
平常那個的十倍就好。
10！
嘖，真敢開口啊……
好，那就交給你了。
競爭超激烈，柚子選手超越搜搜選手了！

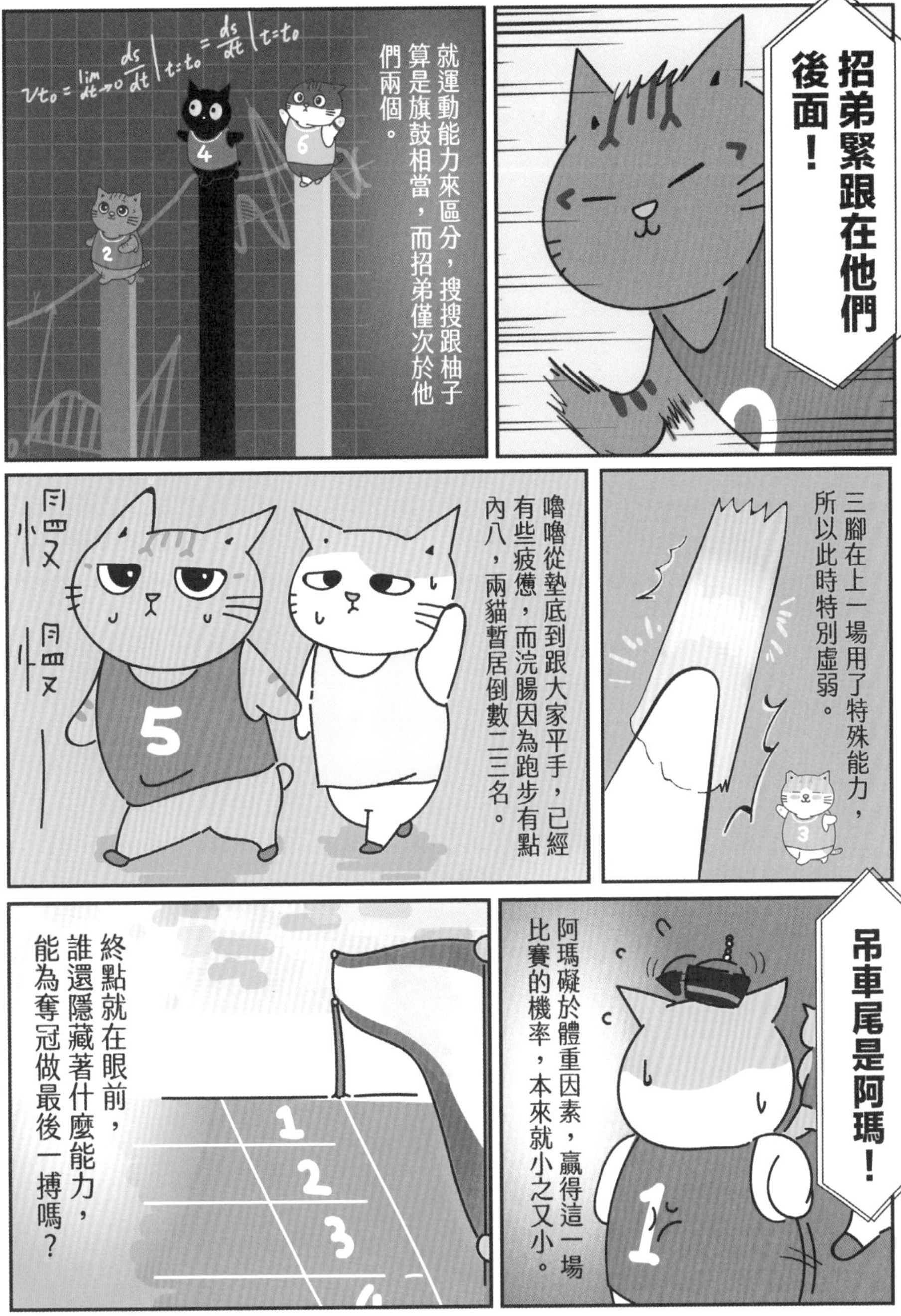
招弟緊跟在他們後面！
就運動能力來區分，搜搜跟柚子算是旗鼓相當，而招弟僅次於他們兩個。
三腳在上一場用了特殊能力，所以此時特別虛弱。
嚕嚕從墊底到跟大家平手，已經有些疲憊，而浣腸因為跑步有點內八，兩貓暫居倒數二三名。
慢慢—
吊車尾是阿瑪！
阿瑪礙於體重因素，贏得這一場比賽的機率，本來就小之又小。
終點就在眼前，誰還隱藏著什麼能力，能為奪冠做最後一搏嗎？

壓低
呵一
柚子即將奪冠！
FINISH
放
(此非Socles)
來了！
柚子
什麼！

阿瑪以幾近光速的狂奔，瞬間超越其他選手，率先抵達終點
阿瑪得分！
沒想到原本吊車尾的，竟然靠飼料反敗為勝了！
FINISH

登登
不想運動運動會，
阿瑪奪得總冠軍。
飼料激發朕的潛能！
我也想要一隻藍阿瑪……
如果我沒睡著……
我第三名耶！
可惡……他有主角光環！
我們第二名耶。
浣腸你站過去一點啦！
他們說好，至少未來一年，
絕對不要再運動了……

作弊的酬勞是揉阿瑪肚子。
平常只能摸一秒，
十倍只能摸十秒！
摸
時間到了！
住手！

終於把不想運動篇畫完啦！這是我畫完這系列後瞬間的想法（哈哈哈），不想運動運動會是我們搭配時事「2020東京運動會」而誕生的故事，相較於前面的章節，也算第一次嘗試比較長篇的連續故事，老實說畫短篇跟長篇的思考模式會完全不一樣，也算是我個人滿大的挑戰啦，不知道大家看完覺得如何呢？哈哈哈！

剛開始畫的時候，因為好幾項運動我都沒實際做過，所以我上網鑽研了各項運動的比賽規則和方式，後來發現主角是貓的話，他們哪會理這些規則啊（笑）！所以就直接按照他們的個性自然發展了。

之後阿瑪和他的後宮們，也會有更多更有趣的故事喔，請大家期待他們未來的發展囉！

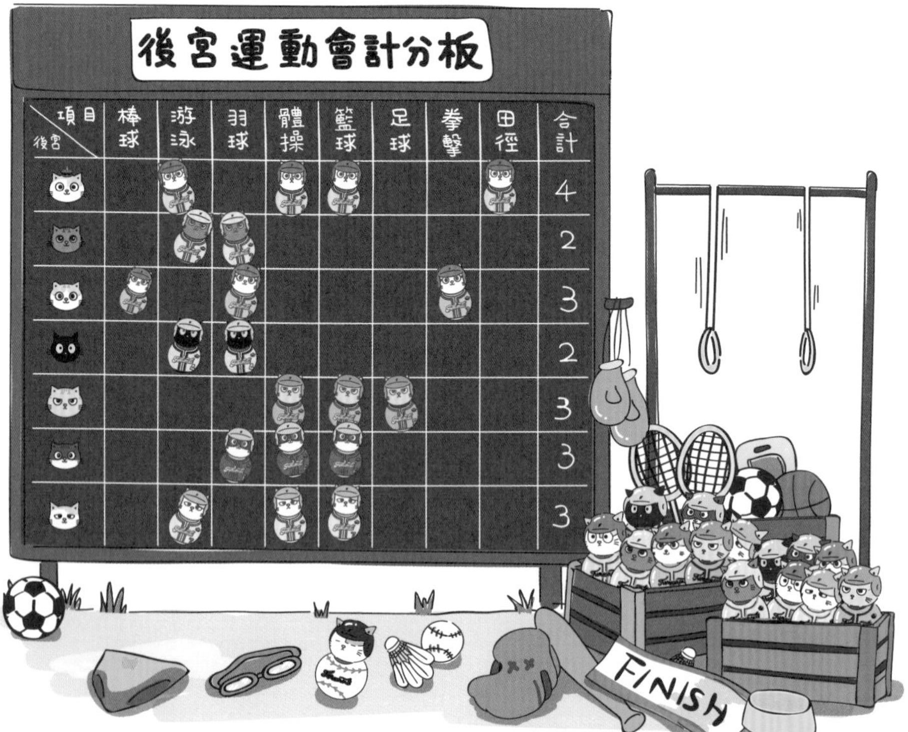
後宮運動會計分板
項目
後宮
棒球
游泳
羽球
體操
籃球
足球
拳擊
田徑
合計
4
2
3
2
3
3
3
FINISH

結語

狸貓

我小時候的幻想，就是像知名畫家幾米出一本繪本，雖然這跟幾米的風格非常不同（笑），但這本書某部分也算是達成了我個人的小心願，幻想成真的感覺很踏實！

本書集結了在阿瑪社群上（IG、FB）分享過的生活系列1至50幾話，相信有人已經看過，所以把它們特別分類成不同的章節，再加上對應的照片和文字，希望讓看過的人覺得有新意，如果你是第一次認識我們的讀者，也謝謝你買了這本書，希望未來我們還有機會以這種方式再相見，謝謝你們，目前網路上也還正在不斷更新生活系列中喔！

志銘

看見後宮貓咪們從現實走入漫畫，真的是一種格外的新鮮感，最初只是為了記錄每個我們見到卻來不及拍下的瞬間，後來更偷偷在這些角色裡注入了有別於真貓的獨特元素，讓角色更立體（或是說更壞？）甚至很多原本只出現在夢中的幻想，也都能一一在漫畫中實現了！

像是〈不想運動運動會〉，我自己真的看得很興奮，想像這些貓咪們必須上運動場流汗的模樣，就讓人開心的睡不著覺呢！（好變態）

小花登場

先前收留的四隻小奶貓，最後送出三隻，我們留下了唯一的女生。
Bye~
大少爺（一號）
豆豆魚（二號）
小少爺（三號）
（四號）
正式成為後宮大家庭的第八位新成員，第四位女生。
她叫做小花，也叫堵堵，現在天天吵著玩玩具，是充滿活力的小妹妹呢！
（名字的由來未來再做說明吧。）
陪我玩~
英文名字應該是Dudu。

黃阿瑪的後宮生活 Fumeancats 貓咪超有事 1

貓奴的崩潰與歡愉日記！

作　　者／黃阿瑪；志銘與狸貓
攝　　影／志銘與狸貓
封面設計／米花映像
內頁設計／米花映像

總 編 輯／賈俊國
副總編輯／蘇士尹
編　　輯／高懿萩
行銷企畫／張莉滎 · 蕭羽猜

發 行 人／何飛鵬
出　　版／布克文化出版事業部
　　台北市南港區昆陽街 16 號 4 樓
　　電話：(02)2500-7008 傳真：(02)2502-7676
　　Email：sbooker.service@cite.com.tw
發　　行／英屬蓋曼群島商家庭傳媒股份有限公司城邦分公司
　　台北市南港區昆陽街 16 號 8 樓
　　書虫客服服務專線：(02)2500-7718；2500-7719
　　24 小時傳真專線：(02)2500-1990；2500-1991
　　劃撥帳號：19863813；戶名：書虫股份有限公司
　　讀者服務信箱：service@readingclub.com.tw

香港發行所／城邦（香港）出版集團有限公司
　　香港九龍土瓜灣土瓜灣道 86 號順聯工業大廈 6 樓 A 室
　　電話：+852-2508-6231　　傳真：+852-2578-9337
　　Email：hkcite@biznetvigator.com
馬新發行所／城邦（馬新）出版集團 Cité (M) Sdn. Bhd.
　　41, Jalan Radin Anum, Bandar Baru Sri Petaling,
　　57000 Kuala Lumpur, Malaysia
　　電話：+603- 9057-8822　　傳真：+603- 9057-6622
　　Email：cite@cite.com.my

印　　刷／卡樂彩色製版印刷有限公司
初　　版／ 2020 年 07 月
初版 58 刷／ 2024 年 08 月
定　　價／ 330 元

城邦讀書花園 www.cite.com.tw　布克文化 WWW.SBOOKER.COM.TW